JN006857

ダーウィンが愛した犬たち

進化論を支えた陰の主役

Darwin's Dogs

How Darwin's Pets Helped Form a World-Changing Theory of Evolution

エマ・タウンゼンド 著　渡辺政隆 訳

勁草書房

DARWIN'S DOGS
by Emma Townshend

Copyright © Frances Lincoln Limited 2009
Text copyright © Emma Townshend 2009
Japanese translation published by arrangement with Quarto Publishing plc
through The English Agency (Japan) Ltd.

ダーウィンが愛した犬たち

進化論を支えた陰の主役

Darwin's Dogs

How Darwin's pets helped form a world-changing theory of evolution

目　次

＊〔　〕は著者による注、［　］は訳注。

©Darwin Archive

はじめに

一八六〇年代初頭の夏のひととき。ダーウィン家の人々が愛犬とともに写真に納まっている。写真は、ケント州ダウン村にあったダウンハウスの庭に面した窓辺で撮られたものだ。窓枠に腰かけているのは、成長した子供たちの母であるエマ・ダーウィン。ボンネットをかぶり、本を読んでいる。いちばん左の帽子をかぶっている背の高い少年は、一三歳のレナード。その右隣で日傘をさしているのは、父親の仕事を手伝っていた一九歳のヘンリエッタ。母親といっしょに窓枠に腰かけているのはホレス。このときはまだ一二歳だが、後に有名な科学機器メーカーを創設することになる。スカートを広げて腰かけているのは、一六歳のエリザベス。愛称はベッシーで、素っ頓狂な帽子をかぶっていることからも、性格に問題がありそうなことがうかがわれる。窓の右に立っているのはフランシス。ベッシーの一歳年下で、やがて父親の研究助手を務めることになる。一家の犬好きをもっとも受け継いだ息子だった。

写真にはもう一人写っているが、末席に甘んじているこの少年が誰かはわかっていない。一八六三年頃の夏の日にダウンハウスを訪れていたこの少年の名前はこの先もわかりそうにないが、犬の名前はボブにまちがいないと思われる。黒と白の大きなレトリーバーで、『人間と動物の感情表現』（一八七二）の中で、著者で飼い主であるダーウィンに、その「温室顔」を紹介されたことで名を残している。

犬の飼い主なら、誰もが「温室顔」には心当たりがあるはずだ。いかにもがっかりした様子で、耳を前に向け、最後の希望を託してお願いと訴えかけるような表情である。ボブの場合は、散歩が中断されることの失望感の表われだった。ボブにとって、庭に面したドアを開けてダーウィンが芝生に出てくるのは、いっしょに庭を横切って大好きな朝の散歩に出かけるサインだった。しかし、ダーウィンが部屋を出た目的が散歩ではなく、実験観察用の植物を育てている小さな温室を訪れることだった場合、温室への曲がり角で、ボブは「がっかりした態度」を示すことが多かった。

ボブの温室顔を見たダーウィンは、そのまま見捨てるわけにもいかず、散歩に切り替えるほかなかった。それでもダーウィンは、何かを目論んでいるボブを責めることはなかった。「私には自分の感情を理解するはずだと彼がわかっているとは思えない。まして、そうすることで私を懐柔して温室仕事を断念させることになるとは思ってもいないだろう」

（『人間と動物の感情表現』より）。ダーウィンにしてみれば、ボブは単に、飼い主の行動を変え、仕事はあきらめて大好きな散歩に変更させたくて、本能に従っているだけなのだ。ダーウィンは、飼い主と犬とのちょっとした交流においてさえ、目の前の犬のしぐさに魅了され、その行動を分析し書き留めていた。

ダーウィンは著書や書簡で愛犬に言及しているが、なかでもボブへの言及は頭抜けて多い。ダーウィンの愛犬の写真はごくわずかしか残されていない。ダーウィンが生きた時代は、写真が一般的になるギリギリの時期だったからだ。ダーウィンのせめてもの慰めは、最愛の娘アニーが一八五一年に亡くなる二年前にわざわざロンドンに出かけ、銀板写真にその姿を残せたことだった。その十年後には、それなりの機材をそろえた写真家が自宅を訪れ、ボブと家族を撮影できる時代になっていた。

ヴィクトリア時代のプロの写真家たちは、撮影技術を猛スピードで向上させていた。それでも標準的な白黒写真の撮影では、明るい夏の日差しの屋外でも、露光時間が何秒もかかっていた。家族の足元で臥せって写っているボブは、地面に結び付けられているかのように頭を下げている。おそらく縛られていたのだろう。写真家が露光させているあいだ、紐をはずそうと首を振ったような痕跡はない。完全にじっと臥せっていたのだろう。しかし写真撮影にあたっては、少なくともちょっとした問題くらいはあったにちがいない。エ

マとエリザベスが顔に微笑みを浮かべている理由が、その理由かもしれない。

この写真撮影は、人と動物のあいだに横たわる大きな溝を完璧に要約している。犬は家族の一員として家庭内で暮らしている。しかし、どんなに幼い子供でも、短い時間でもじっと座らせておくには説明が必要である。それに対して犬は、待てと命令しなければならない。なだめすかしや論理的な理由で犬を説得することはできない。犬をじっとさせておくには、直に命令するしかない。会話や説得は効きめがない。人間の世界と動物の世界とのあいだには大きな隔たりがあるのだ。

単に写真を撮るだけのことでもそのようなコミュニケーションギャップの影響を受けるとしたら、人と犬が毎日いっしょに暮らすというのは、ややこしくて危なっかしい話で、予測できないことだらけだろうと思えるはずだ。結局のところ、犬は生きるために狩りをしていた動物の子孫ではないか。ヒトが動物といっしょに暮らすとはどういうことなのか。分析的で知的な猿が、予測のつかない不可解な心を持った犬といっしょに暮らすとは。言葉によるコミュニケーションが成立しない上に、両者の心は多くの点で大きくかけ離れているという事実を前にするなら、両者の関係は、どう見ても微妙なものとならざるをえないだろう。

動物界に関するチャールズ・ダーウィンの業績を思うとき、すぐに思い浮かぶのは、ガラパゴス諸島の小さなフィンチ類のくちばしやガラパゴスゾウガメの大きな甲羅を調べる姿だろう。あるいは、イギリスから遠く離れたアフリカなどの森にすむゴリラやサルといった珍しい動物だろうか。しかし、ダーウィンがもっとも深く長く接した動物は、自宅でいっしょに暮らす動物たちだった。子供時代も、ダウンで家庭を構えてからも、ダーウィンが飼っていたのは犬だった。

彼の愛犬生活は、十代のときにとても可愛がっていたシェラハ、スパーク、ツァーで始まった。ケンブリッジ大学では従兄のウィリアム・D・フォックスといっしょに、二人の犬サッフォー、ファン、ダッシュを伴って狩りをした。その後のハンティングドッグのピンチャーと小型犬のニーナの二匹は、ダーウィンがビーグル号の航海に出ていた五年のあいだ、実家で留守番をしていた。

子供を授かったダーウィンは、犬も飼った。写真のボブは白と黒のぶちのお行儀のよい大型犬で、家族みんなに愛された。ディアハウンド犬の子犬ブランは、一八七〇年にやって来た。一家は犬を途中から引き受けるのが得意で、クイズ、ターター、ペパー、バタートンはそうやって家族になった。トニーは、もともとはダーウィンの義妹であるサラ・ウェッジウッドの飼い犬だった。サラが一八八〇年に亡くなったため、ダーウィンが引き取った。最後の犬ポリーは、最初は娘のヘンリエッタの犬だったのだが、ヘンリエッタが結

婚してダウンを離れた後も、ダーウィンはポリーを手放さなかった。息子のフランシスによれば、ダーウィンはポリーをいちばん可愛がっていたという。

ダーウィンがもっとも親密にいちばん長く観察した動物が犬だった。生涯を通して、ビーグル号の航海時を除いてほぼ毎日、犬といっしょだった。ダーウィンが育ったのは、農地に囲まれた商業都市シュルーズベリだった。そこでは家畜市場や農産物品評会が定期的に開かれていた。ダーウィン少年はペットの犬を連れ歩き、犬が獲物を追う姿を眺め、犬といっしょに野山を駆け巡った。

しかし、シェラハ、スパーク、ツァー、ダッシュ、ピンチャー、ニーナ、ボブ、タータ、クイズ、ブラン、トニー、ポリーは、ダーウィンの研究においてきわめて重要な面々でもあった。この犬たちは何を考えているのだろうかと思案し、その行動を説明しようとした。そしてそうした問題について、ブリーダーや愛犬家と手紙を交換した。それは決して意味のないことではなかった。ダーウィンの研究は、いろいろな面で犬に刺激を受けていたのだ。その証拠に、進化の理論に真剣に取り組むにあたっては、フィンチやゾウガメではなく、鳩、牛、豚、犬といった飼育動物の話から始めているのではないか。

そして、世間を騒がすことになる『種の起源』をついに世に送り出すにあたっては、第1章をイギリスの田園地帯で見られる動植物の話から説き起こすことで、波風を抑えることにした。よちよちと歩くアヒル、ミルクを絞られる牛、穂を実らせる小麦など、農家の見慣れた光景を第1章に盛り込んだのだ。ダーウィンは、育種家や品種改良家の例を出し、自然淘汰説のはたらきも、選り好みの激しい犬のブリーダーが好みの形質を選び、好ましくない形質は除去するのと同じだという喩えを用いた。目新しい自然淘汰説を親しみやすいものにするために、おなじみの例を出し、苦い薬をオブラートにくるみ、ヴィクトリア時代の一般読者にとってとっつきやすいものにしたのだ。ダーウィンは愛犬を介して、ヴィクトリア時代の家庭の居間に進化理論を持ち込んだのである。

進化理論はたしかに苦い薬だった。ボブが写っている写真が撮られた当時、ダーウィンの進化理論をめぐる論争は最高潮に達していた。学術論争が罵倒に堕すると、批評が誹謗中傷に代わった。最大の罵倒は、自然界における人間の地位をめぐる問題に向けられた。ダーウィンが言うような進化が起こってきたとしたら、それには人間も含まれるはずではないか。だとすれば、人間はただの動物にすぎないことになる。それ以上でもそれ以下でもない。この考えに、多くの人がおののいた。敬虔なキリスト教徒にとって、人間は特別な資質を備えたおかげで畜生の上に立てたという説明は信じがたいことだった。協力、利他行動、宗教心はみな、人間は特別な存在だという証拠のはずだった。そうした独自の資質は、進化したのではなく、神によって付与された特別な資質であるはずなのだ。ダーウインの言う生存闘争のどこに、利他的なやさしさが入る余地があるのかと、批判者は問うた。

それでもダーウィン理論の支持者たちは激しい論陣を張った。ときには顕微鏡のスライドグラスをめぐる論戦まであった。ダーウィンの「ブルドッグ（番犬）」とも呼ばれたトマス・ハクスリーが、解剖学の権威リチャード・オーエンを相手に、ゴリラの脳の切片に関する解釈が間違っていると非難したのだ。激高したオーエンはハクスリーの罠に落ちた。人間の脳は特別であることを証明しようとして類人猿の脳の構造を誤って解釈していたことで、オーエンの名声は永遠に損なわれた。

しかしダーウィン自身は、そうした論争からは距離をとっていた。ダーウィンは、『種の起源』出版後十年をかけて、この問題についての答を練り上げた。ダーウィンにとって、人間が進化したことは自明だった。しかしだからといって、卑下することはない。人間の祖先が動物であることを受け入れたからといって、下等な動物に降格されたことにはならないと考えていたからだ。その考えのすべてに、愛犬が貢献していた。人間と動物とのあいだに存在するとされる深い溝は、思うほどには深くないというダーウィンの主張を支えていたのが、愛犬たちだったのだ。人間が怒る表情と、犬が怒る表情には共通点が見つかる。人間は夢を見るが、犬も寝ているときに脚をぴくつかせたり唸ったりする。それは、犬も夢を見ているからだ。

ダーウィンは『人間と動物の感情表現』の中で、最後に飼った愛犬のホワイトテリア、ポリーの話を書いている。ポリーは、書斎で仕事をするダーウィンに一日中つきそっていた。「父はポリーにいつもニコニコと優しかった」と、フランシスは父親の思い出を語っている。「部屋に入れてほしいとか、ベランダの窓から外に出たいとか、『いたずらっ子』に吠えたりとか、夢中になっている動作など、ポニーが気を引こうとする行動に短気を起こすことは決してなかった」という。ダーウィンが老いると、ポリーが入る籠は書斎の暖炉のそばに据え付けられた。そのバスケットは、家族が写した書斎の写真で見ることができる。ダーウィンが亡くなった翌日、ポリーは主人の後を追うように旅立った。その遺体は、フランシスによってダウンハウスの庭に埋められた。ダーウィンの一生は、犬大好き人生だった。そこで私は、ダーウィンの生涯を別の角度から紹介することにしたい。すなわち、犬の視点から語ろうというのだ。フィンチやゾウガメの物語はすでに語られている。どうか、ボブとポリーが語る物語に耳を傾けていただきたい。

第１章　はじまり

To my deep mortification m
father once said to me, ‘Yo
care for nothing but shoot-
ing, dogs, and rat-catching
and you will be a disgrace
yourself and all your family

とても恥ずかしい話だが、父からこう言われたことがあった。「お前は狩りと犬とネズミ捕りのことしか頭にない。こんなことでは、お前にとっても一家にとっても不名誉なことになるぞ」。

（『ダーウィン自伝』より）

チャールズ・ダーウィンは犬とともに育った。なぜそんなことがわかるのかというと、通信手段が限られていた当時にあって、ダーウィン家の家族どうしでやり取りしていた手紙が残されているからだ。兄のエラズマスとともにエジンバラにいたため参加できなかった家族パーティーについての手紙が届いた。すると兄弟は、貧しい寄宿生に送ってほしいものを書き送った。それに対して姉たちから返信があり、家族のニュースや内輪のジョークが伝えられた。チャールズ・ダーウィンの子供時代の日々の暮らしぶりについての情報は、そうした手紙が教えてくれる。

そうした手紙から、ダーウィン家では犬が一家の大切な一員だったことがわかる。初期のダーウィン家で飼われていた犬の写真や絵は残されていない。写真はまだなかった時代だったし、肖像が描かれることもなかったからだ。それでも外観の特徴や性質について、少しはわかっている。シェラハは、賢いファミリードッグだった。娘たちはそれぞれ、シェラハの子犬をペットにした。スパークは、シェラハよりも気性は荒いものの可愛がられた白と黒の雑種で、ネズミ捕りが得意だった。ツァーはとても攻撃的な犬で、最終的には手に負えなくなって手放された。

チャールズに関していえば、手紙と家庭内のジョークの多くは犬のことだった。犬たちの呼び名には、ときにふざけて「ミスター」とか「ミセス」の敬称がつけられた。姉のキャロラインが一八二六年にチャールズに出した手紙では、「ミセス・シェラハは、あなたが家にいるときよりも私につきまとっているわ。日課の街までのお出かけとリンゴの遊びくらいしかしていないので、ちょっと運動不足ね。私がリンゴを土手の斜面に放ってシェラハが取りに走る遊びをせがむの」とある。犬が子供として語られることもよくあった。姉からの手紙には、スパークは「あなたの子」とか、「あなたの大好きな子」という表現がある。ダーウィン家の物語は、愛犬の物語とない交ぜだった。

チャールズは、シュルーズベリで一八〇九年二月一二日に生まれた。母親のスザンナは四四歳で、すでに四人の子持ちであり、その上に夫のロバート・ダーウィン医師（ドクター）が君臨していた。チャールズには弟を溺愛する三人の姉、メアリアン、キャロライン、スーザンと兄のエラズマスがいた。エラズマスは四番目の子供なので三姉妹がその上にいて、チャールズは五番目の子供だった。チャールズの後にもう一人生まれた。ドクターとその良妻は、みんなに可愛い妹キャサリンをもたらしたのだ。

予想に難くないが、兄弟は仲良しだった。野山の散策も学校でもいっしょだった。歳の差は五歳だったので、兄についていくのは大変だった。学びも共有された。エラズマスが先に体験した学びの興奮を弟に伝えていたからだ。いつもなんでも先に知っているスゴイ兄を独自の発見であっと言わせるために、チャールズは常にしゃかりきだった。

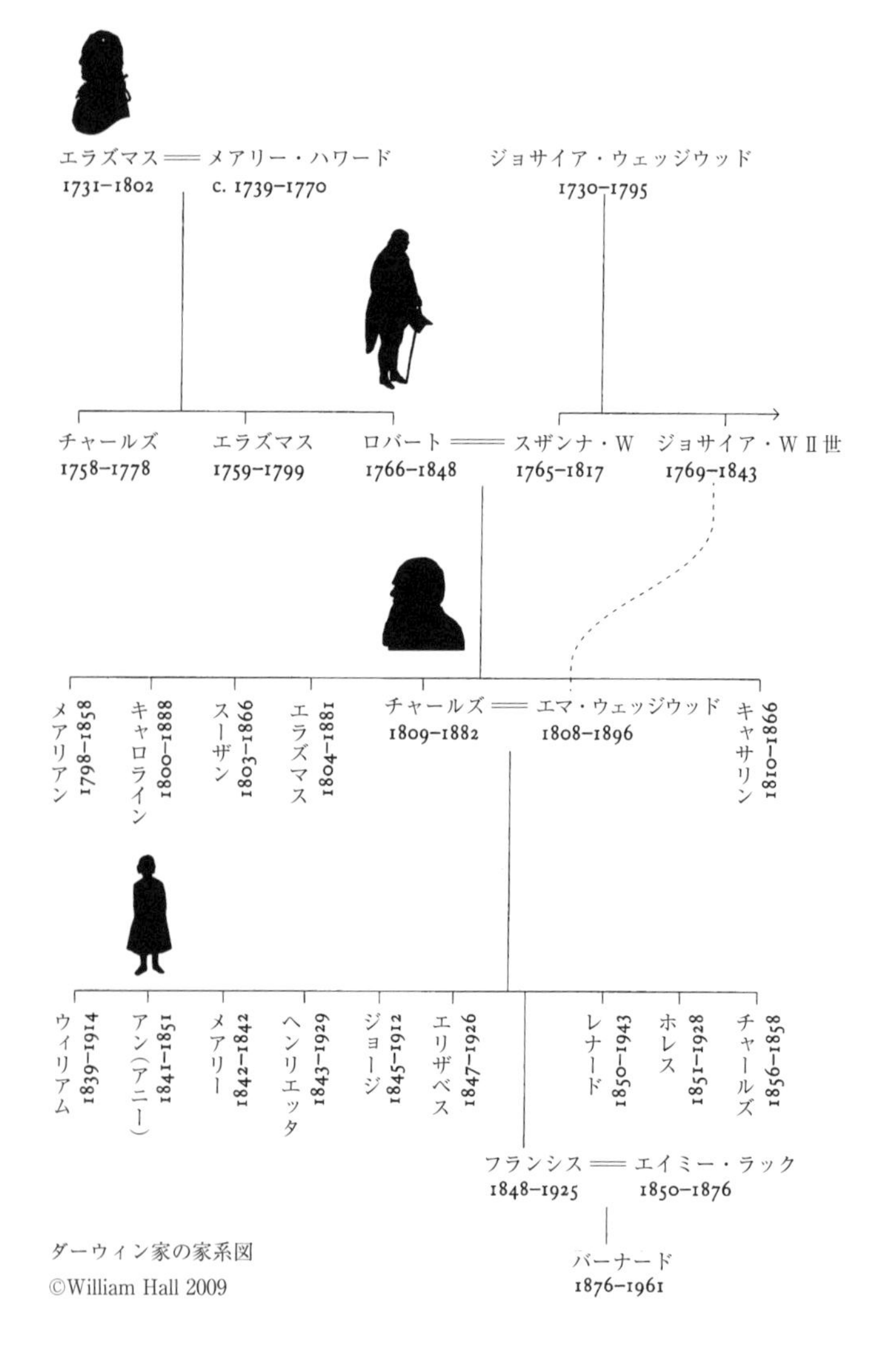
エラズマス
1731–1802
メアリー・ハワード
c. 1739–1770
ジョサイア・ウェッジウッド
1730–1795
チャールズ
1758–1778
エラズマス
1759–1799
ロバート
1766–1848
スザンナ・W
1765–1817
ジョサイア・WⅡ世
1769–1843
メアリアン
1798–1858
キャロライン
1800–1888
スーザン
1803–1866
エラズマス
1804–1881
チャールズ
1809–1882
エマ・ウェッジウッド
1808–1896
キャサリン
1810–1866
ウィリアム
1839–1914
アン（アニー）
1841–1851
メアリー
1842–1842
ヘンリエッタ
1843–1929
ジョージ
1845–1912
エリザベス
1847–1926
レナード
1850–1943
ホレス
1851–1928
チャールズ
1856–1858
フランシス
1848–1925
エイミー・ラック
1850–1876
バーナード
1876–1961

ダーウィン家の家系図

©William Hall 2009

チャールズとエラズマスの最初の教育は、母親と姉たちによって自宅で執り行なわれた。その後二人は、ユニテリアン派牧師が主宰する学校に通った。ユニテリアン派は母のスザンナが信仰する宗派だった。一八一七年に母が亡くなると、二人は家から一マイルほど離れた街中の寄宿学校に入った。そのとき、チャールズは九歳、エラズマスは一四歳だった。一家は、エラズマスが弟の面倒を見てくれるものと期待し、兄はその信頼に応えた。

その当時の手紙はあまり残っていない。一八二二年になると、一八歳になったエラズマスは医師になるためにケンブリッジ大学に入学した。すると自宅に手紙が山ほど届くようになった。その内容は、持ってくるのを忘れた本を送れ、小遣いが足りない、白金線といった実験器具や一〇ポンド紙幣を送れといった要請である。チャールズは兄のまねをしたがった。エラズマスがケンブリッジ大学の講師からもらった本を読みたがり、一八二三年の夏休みにはケンブリッジに滞在する計画を練った。手紙のやり取りは頻繁で、内容は実用的だった。感情の吐露はなく、一方的な命令口調。やさしい表現は弟向けではなく、弟の犬に向けられていた。一八二五年にエラズマスが実家の弟宛にケンブリッジから送った手紙は、「スパークによろしく伝えてくれ」という快活な指令で終わっていた。

少年たちはあっという間に大きくなった。一八二五年、エラズマスはエジンバラでの医学修業の準備ができた。ドクター・ダーウィンは、兄弟を離ればなれにしておくべきでは

ないと判断した。自らの医学修業の経験に鑑み、二人の息子をエジンバラ大学に送り込むことにしたのだ。当時のエジンバラは、世界的に見ても医学を学ぶ絶好の土地だった。ドクターは、二人に大きな期待を寄せていた。エラズマスはケンブリッジ大学の学士号を得ていたため、医学修業をする資格があった。チャールズは、解剖学、化学、産科学といった医学の勉強を開始することが可能だった。チャールズはまだ一六歳だったが、エラズマスがよい手本になってくれることをドクターは期待した。そういうわけで、チャールズはいささか若かったものの、兄弟はいっしょにエジンバラに送り込まれた。チャールズは、いつものようにエラズマスのカッコイイ足跡をたどるかたちで。

実家との手紙のやり取りが始まった。兄弟の文面は簡潔なのが常だった。教会に通っていると伝えて父親と姉たちを安心させる一方で、講義をさぼったことは伝えなかった。シュルーズベリからの手紙は長かった。姉たちの手紙には、綴り間違いの修正や、シュルーズベリでの社交生活の報告が収められていた。当代随一の人気役者ウィリアム・チャールズ・マクレディの芝居を見に行ったといった報告である。手紙からは、家庭内の力関係が見て取れる。たとえば、キャロラインがスーザンのおかしな話を伝える。するとスーザンがすねて、「キャロラインが私のことを面白おかしく書いたけど、まったく事実に反することだからね」といった調子である。一家のひねくったユーモアに彩られたジョークが飛

1811年当時のシュルーズベリ校

び交っていた。

　手紙には愛情も籠もっていた。エジンバラに行ってまだ数週間しかたっていないのに、キャロラインはチャールズに、「あなたがいなくてとても寂しいわ」と書き送っている。「かわいそうなシェラハとスパークもそうよ。二匹はとても塞いでいるみたい。誰かがちょっと声をかけるだけでもうれしそう」。ダーウィン家では、犬の話をすることが自分たちの感情表現になっていた。犬が寂しそうと言えば、それは誰かがいないせいで悲しいという意味なのだ。犬が、親密な会話を取り持っていた。チャールズは母親を亡くした十代の若者で、故郷を初めて離れた身だった。姉たちにとって、犬の話を伝えることは、チャールズが心から気にかけていることを話題にしているのは何かを知るための一つの手立てだったのだ。

飼い犬は一家の一員ではあったが、すべての犬が友というわけではなかった。ダーウィンは子供時代の思い出として、シュルーズベリの街中で出合った見知らぬ犬がとても怖かったと回想している。三十年前のことだというのに、「バーカー街」という場所まではっきりと覚えていた。「私はとても臆病な子供でした」。そのとき出合った犬への対処を間違ったことを、はっきりと覚えていたのだ。

まだ小さいときのこと、デイスクールに通っていた頃かその前、私は残酷な仕打ちをした。子犬をたたいたのだ。単に、こちらのほうが強いことを誇示したかっただけだったと思う。ただし、その子犬は声を出さなかったから、それほど強くではなかったはずだ。場所は、家の近くだったと思う。この行為は、私の心に重いしこりを残した。その罪を犯した正確な場所を覚えているのがその証拠である。当時からずっと今まで、犬に対する私の愛は情熱に等しいものであることから、その事件のことはますます重くのしかかったのだろう。

（『ダーウィン自伝』より）

姉たちは、犬に対するチャールズの「情熱」をときに揶揄することがあった。「オヴァートンからの知らせでは、スパークの状態はとても良いそうよ」。そしてからかうように、「あなたのほうがおチビちゃんを恋しく思う気持ちが強いのだからそうよね」と書き加えた。それに対してチャールズも同じ調子で、「黒鼻の愛しいおチビちゃんに関する素敵な手紙をもっと送ってね。エラズマスに言わせると、ぼくは家族の残り全部に関する話を合わせたものよりそういう手紙を喜ぶらしいから。ぼくの愛しいおチビちゃんに関しては、姉さんも同じ意見なんでしょ」。

犬に対するこのような感傷的な態度はとても興味深い。ダーウィンの両親はともに地主階級の出である。ドクター・ダーウィンは土地所有株を有する家柄、母親のスザンナは華麗なるウェッジウッド一族の出である。いずれの家も動物を所有し、それを誇りにしていた。ウェッジウッド家は、所有する動物にことさらの敬意を表していた。スザンナの家族を描いた絵には愛馬の姿もある。しかも、馬の絵で有名なジョージ・スタッブスの筆になる絵だ。ただし父ジョサイア・ウェッジウッドには、自分の子供たちよりも馬のほうが良く描けていると不評だった。

ダーウィン一家は、街中に建つジョージア朝風のお屋敷で暮らしていた。ドクター・ダーウィンの収入の中では、農地のモーゲージ（譲渡抵当）などの投資利益が大きかった。

ウェッジウッド家（スタッブス画、1848年、Image by courtesy of the Wedgwood Museum Trust, Barlastou, Staffordshire）

なので、チャールズ少年が目にしていた家畜は飼い犬だけではなかった。農場での休暇が、チャールズの幼い頃の記憶に残っている。まだ四歳になっていなかった頃、「私はダイニングルームで、私のためにオレンジを切っているキャロラインの膝の上に座っていた」。そのとき、「窓の外を牛が走っていくのを目撃し、私はびっくりして飛び上がった」（『ダーウィン自伝』より）。

ダーウィン家の優雅な生活を支える財産は、両親の双方からもたらされたものだった。母のスザンナは、ウェッジウッド社から多額の持参金をもたらしていた。ドクター・ダーウィンは医師の教育を受けており、年に何千ポンドもの収入があった。しかしそれだけに甘んじていたわけではない。自分の金融取引をチェックし、所有地のモーゲージを運用していた。ただし、ヴィクトリア時代の小説に登場する人物のように借金のかたとしてではなく、利息の高い融資先を求めてのことだった。ドクターは、収益を見越して地元の事業主への融資もしていた。運河、有料道路、橋など、産業革命の象徴的事業への投資もしていた。貴族、上院議員、学校、監獄、上水道への貸し付けもあった。見返りが期待できる先ならばどこにでも投資をしていたのだ。

チャールズの原風景には、シュルーズベリの景色だけでなく、牛、豚、馬、鶏の姿があった。それでも、動物に対する極端なほどのやさしさがどこから来たものなのかは興味深い疑問である。一九世紀初めにおける動物に対する社会の態度は、どんどん感傷的になっていた。チャールズの中では、幼くして母をなくしたことがそれと結び合わさった可能性もある。晩年の回想では、母の死についてはほとんど何も思い出せないと語っている。しかし一歳年下の妹キャサリンは、母の死にまつわる出来事を詳細に覚えていたらしい。猫かわいがりしてくれる四人の姉妹とあこがれの兄のおかげで、チャールズは、愛情にも世話を焼かれることにも飢えてはいなかった。しかし母親が欠けていた。楽しいけれど母親不在の家庭で、チャールズは、犬との深い絆を築いたのだ。これは珍しい話ではない。

犬との深い絆を教えてくれる十代の頃の逸話がある。その頃には、チャールズが犬に寄せる情熱は、ちょっとしたユーモアの種になっていた。それが一七歳のとき、最大の危機

フォックステリア

を迎えた。一八二六年の二月、オヴァートンにすむ姉のメアリアンからの手紙が届いた。

こんな書き出しの手紙を書くのは生まれて初めてだけど、悲しいお知らせをしなければなりません。これが事実なので。

メアリアンは結婚したばかりで、チャールズがエジンバラ大学に入学した後、チャールズの「可愛い黒鼻のおチビちゃん」スパークを預かって世話をしていた。メアリアンからの手紙は、そのスパークが死んだという知らせだった。メアリアンはすっかりしょげ込んでおり、その手紙は苦痛に満ちていた。

新しい犬が見つかるまで、可愛いスパー

クを預からせてとお願いしたことは知っているわよね。でも、スパーキーがこちらに来て次の日にいなくなったことは聞いていなかったと思います。あらゆる手を尽くして探したのですが、見つかったのは二週間後のことでした。ご近所の紳士のお屋敷で保護され、その家の大事なペットになっていたのです。返してもらえたのですが、いなかったあいだにお腹に子供ができたことがすぐにわかりました。ほんとにごめんなさい。あなたがそんなことは望んでいなかったことを知っていたというのに。先週の月曜日、おチビちゃんは具合が悪くなり、子犬を一匹死産した後で亡くなりました。私たちがどんなに悲しんでいるか、あなたには想像もつかないほどです。家の者はみんなあの子が大好きでした。ほんとに可愛い子でしたものね。どうか、お返事をください。スパーク自身もかわいそうだけど、あなたのことのほうが心配です。こんなに苦しい出来事はありません。シェラハには家族がいるけれど、可愛い黒鼻のおチビちゃんの代わりにはならないものね。

メアリアンの誠意を疑う理由はない。この悲報を告げることほどの苦悩はなかったはずだ。初めて家を離れた十代の弟チャールズは、最愛のペットである「可愛い黒鼻のおチビちゃん」を失ったことに向き合わねばならなかったのだ。

チャールズから姉への返信は残されていない。しかし、それなりの気持ちを伝えたことは想像に難くない。その返信がいかに「辛い」ものだったか、メアリアンは後に語っている。シュルーズベリにいる姉のキャロラインもチャールズに手紙を出し、弟に何と言ってよいかわからないと同じ気持ちを表明した。「可哀そうにスパークが亡くなったこと、スパークにとってもそうだけど、あなたにはさぞや辛いことだと思います。私の気持ちをどう表現したらよいか、自分でもわかりません。ほんとよ」。

キャロラインは、何度も気持ちを伝えようとした。心からのお悔やみの気持ちを。メアリアンはさらに悲しみに暮れた手紙を書いた。「子犬のことは残念です。スパークの子供はもう望めないのだから。（中略）チャールズ、どうかまた手紙をちょうだい。これで文通が終わってしまうのは、とても悲しいことだから」。

メアリアンは、別に生まれた子犬をチャールズにあげると申し出た。しかしありがたいことに良い知らせもあった。シェラハも妊娠したのだ。シュルーズベリでは、オヴァートンにいる子犬をもらう代わりに、シェラハの子犬の誕生を今か今かと待ち受けることになった。まもなく子犬が一匹生まれ、キャロラインとスーザンはチャールズに知らせることができた。数週間しかたっていないのに「おデブちゃんで、立ち上がることも歩くこともできないの」と、スーザンはかつてないほど才気煥発な手紙を出した。

末っ子のキャサリンはあまり手紙を書いていなかったが、今回は新生児について面白おかしく描くことにした。「シェラハの子犬は一見の価値があるわよ。縦も横も同じ大きさなの」。スパークの一件以後は何事もなく、姉妹はこぞって子犬の保護に邁進した。「先週、子犬が絵具に毒されるという警報が出ました。家の周辺に、ピアース先生率いる小さな絵描きさんの一団が押し寄せて、窓やなにかに色を塗ったからです。キャロラインがあたりにいた絵描きさんたちに怒りました。でもその警報は嘘だって、後でわかったのだけれど」。

一家全員が犬の安全を気にかけていた。しかし犬たちも勝手にさせられていたわけではない。規律が下されたのだ。ツァーは、噛み癖があるため手放された。それでもダーウィン家は、おおむねペットに優しかった。チャールズの小型犬ニーナは、チャールズがビーグル号の航海に出ていたあいだ、一家の庇護下にあった。一八三二年の晩夏、ニーナは馬に襲われ、脚を咬まれた。そしてそのまま持ち上げられ、放してもらえなかった。「ニーナの脚はひどく折れてしまいました」と、キャロラインは心配げに書き送った。

しかし一家は、怪我を負ったニーナを安楽死させることはせずに、「外科医に見せる」ことにした。チリのヴァルパライソ沖にいるチャールズに、キャロラインが不安を鎮める手紙を書いた。「ニーナは回復中です。もう少しも痛くないみたい」。ニーナに関する最新ニュースは、シュルーズベリをコレラが襲い、たくさんの人が亡くなったというニュースよりも重要視された。「もう何日も誰も亡くなっていません」と、キャサリンはニーナの脚の状態を知らせたついでに書き添えていた。

ほかの人のうわさ話にも犬の話が紛れ込んでいた。一八二六年一月、キャロラインは、チャールズに宛てた陽気な手紙で、ジェーン・オースティンの小説よろしく、「すごくおしゃれ」なミスター・ギボンに出会ったときのいきさつを事細かに書き送った。「とてもハンサムで自分でもそのことをわかっていて、しゃべったり頭を動かすと、デッサンか彫像のモデルを想像してしまうほどなの」。その自意識の強いハンサムな青年は、キャロラインの気を引こうと、海で溺れかかった若い女性がニューファンドランド犬に助けられた話をした。そして最後に、「ぼくはその犬を勇者と呼んでいるんですよ」と付け加えたという。「これは、趣味のいい会話のお手本よ」と、キャロラインはそっけなく書いている。

ハンサムなミスター・ギボンが女性の気を引くためにそのような話を持ち出そうとしたのは意外ではない。感傷的だった一九世紀初期の社交にとって、犬の英雄的行動は大きな関心を呼ぶテーマだったからだ。「子供を救うニューファンドランド犬」を描いた絵画は、ロマン派志向の家庭では人気のある道徳的なテーマだった。ジョージア朝のお屋敷の壁にはよく飾られていた。

子供を救うニューファンドランド犬（J・ロジャースによるボーム風の作品。©Mary Evans Picture Library 2007）

このテーマは、一八三〇年代になるとさらに人気が出た。動物画家のエドウィン・ランドシーアが、感傷的な新しい世代向けに、溺れる人間を救助するニューファンドランド犬の絵を何枚も制作したからだ。それらの絵は印刷に付されて大ヒットし、熱烈な版権争いが演じられた。そのおかげでランドシーアの名は不滅のものとなった。彼が好んで描いた白黒二色のニューファンドランド犬は、特に「ランドシーア」と今も呼ばれている。

凛々しい救助犬のイメージは、一九世紀を通じて人気があった。ヴィクトリア時代では、子供の本、アートパネル、郵便切手などの日常品にも取り入れられていた。ヘンリー・ジェイムズの短編「ボストンの人々（一八八六年）」に登場するミセス・ルナの下宿屋に敷かれた敷物は、溺れる子供を救うニューファンドランド犬の図柄だった。

ヴィクトリア時代の人々は、動物界の道徳感に魅せられていた。子供たちには、ヒトの言葉をしゃべるミツバチが社会のために働くことの意味や勤勉と自己犠牲の大切さを説く物語を読むことが推奨された。命を賭して人間の子供を救う犬の話は、勇敢さを称えるヴィクトリア時代の価値観の縮図だった。しかしこの時代は、動物に対する感傷を膨らませてもいた。そうした結果の一つが、哀れみ条令の制定である。一八二二年、リチャード・マーティンの活動が功を奏し、最初の動物虐待防止法が国会を通過した。そしてそれが、一八二四年の英国動物虐待防止協会（ＲＳＰＣＡ）の創設につながった。

ヴィクトリア時代初期には、続いて使役犬をめぐる論争が沸き起こった。一八八二年に出版された『犬と猫とそれらの管理のしかた』と題された本の中で著者は、自分が子供だった頃は「パン屋、肉屋、猫の餌売り、いろいろな行商人の荷車を引かせられた犬」をしょっちゅう見かけたと書いていた。荷車を引かせるには、ロバよりも犬のほうが安上がりで従順だったからだ。ところがその著者が言うには、そうした虐待を禁止する動物虐待防止法が成立したせいで、何千頭もの使役犬が溺死させられたという。飼い主にとっては無

駄飯を食わせる余裕がないからだ。「一カ月もしないうちに、荷役に使われていた犬をロンドンの街中で見かけることがめったになくなった」。ヴィクトリア人の犬に対する態度は一様ではなく、慈しみだけではなかったのだ。

　飼い主に対する犬の忠実さについてもかまびすしかった。なにしろ、主人が埋葬された後十四年間も墓のそばにたたずんでいたグレーフライアーズ・ボビーがもてはやされた時代のことなのだ。しかし超越主義者のヘンリー・デイヴィッド・ソローは、犬に高尚な動機を付与することに懐疑的だった。そうした行動を理由に犬は道徳的に優れているという考えに関して皮肉な見方をしていた。「飢えそうな私に食べ物をくれる人、凍えそうな私に暖をくれる人、溝にはまった私を引っ張り上げてくれる人がいても、善人とは呼ばない。ニューファンドランド犬だってそれくらいのことはするではないか」(『ウォールデン』より)。

しかし六十代になったダーウィンが『人間の由来』を執筆していた時点で、ダーウィンは勇敢なニューファンドランド犬の例を覚えていたようだ。「道徳観」について論じた第4章で、犬は別種の生きものを救おうとするほど利他的であると書いているからだ。溺れる人間を救うニューファンドランド犬の行動は、犬の高貴さを称えるヴィクトリア人が好んで引き合いに出す例であり、ダーウィンはその話に魅せられていたのである。ダーウィンは、犬が誰かを救助したとき、誰かのことを覚えていたとき、誰かの嫌悪を思い浮かべたときに犬がすることを理解しようとしていた。かつては人間だけの資質とされていた多くの資質を動物も備えているというダーウィンの考えの一端は、そうした例によって形成されたのかもしれない。ダーウィンに言わせれば、犬にも愛すること、憎むこと、利他的になることができるなら、人間はほんとうにユニークな存在なのだろうか、ということになる。

犬の行動に興味をもっていたのはチャールズだけではなかった。スパークが死ぬ前、スーザンとキャロラインはオヴァートンに住むメアリアンを訪ねていた。キャロラインは、そのときのスパークの楽しい話をチャールズに書き送った。一方のスーザンは、スパークに関してもっと客観的で科学的な目で観察した情報を伝えた。チャールズは、しばらくいなかったとしてもスパークは自分のことを覚えていると主張していた。スーザンはその話を覚えていた。なので、スパークは、久しぶりに会ったキャロラインとスーザンに向かって「歯を見せて唸った」ばかりか、キャロラインの指をパクッと咬む「おいた」までしたという、チャールズの信念に反する報告を楽しんだのだ。

スーザンは、もっと興味深い結果をもたらした実験についても報告した。スパークに向かって「『シェラハ、シェラハ』」と呼ぶと、とても目立つ反応をしたの。耳をピンと立てて、とても困ったような顔をした」というのだ。スーザンがこんな報告にこだわったのは、家の犬たちはしばらく会わなかった後も飼い主を覚えているかどうか、家族の中で議論したことがあったからである。物言わぬ動物たちの知能と能力に関心をもっていたのはチャールズだけではなかったのだ。スーザンの手紙が、この問題を一家で論じ合ったことを教えている。犬たちが自分を覚えているかどうかに関するチャールズの関心は、ビーグル号の航海に出かけたときもまだ続いていた。姉妹が書き送った手紙がその証拠である。

愛犬に寄せるチャールズの関心は、人間ダーウィンについて重要なことを語っている。彼は犬たちとのあいだに強固な個人的関係を築いていたのだ。彼にとって犬は生活の中心

をなしていたのである。ダーウィンにとって、観察の機会がいちばん多かった動物が犬だった。そしてその後、生きものはみな一本の大きな系統樹に連なっていると信じるに至った時点で、犬について語れることは、系統樹に位置する動物についても真であることが明白となった。とはいえ、進化の理論を練り始める前から、一家のあいだには、犬についてああでもないこうでもないと考える習慣があり、犬の性格にはどういう意味があるのかと思案し、犬の行動は何を明かしているのか推測していたのだ。このような家族の中で育てば、人間と他の動物との関係について独自の考えを形成する上で大きな刺激になったと言い切ってもよいのではないか。

＊＊＊

チャールズは、夏休みにエジンバラから帰省すると田園地帯を散策した。イングランドは変わりつつあった。ちょうど、工業の急速な成長が都市を変えつつあったように、農業における変化も田園にその跡を残していた。土地は囲い込まれ、作物は輪作され、家畜は特殊な目的のために育種されていた。脱穀のような重労働の機械化も重大な影響を及ぼしていた。農家は、少ない労力での増産が可能となっていた。その余波で解雇された農家の雇われ労働者は、町や都市に出て仕事を見つけるしかなかった。

そうした趨勢の中で、農家は、農業の「改良」を続けるために、作物、肥料、耕作法についてのたしかな情報を求めていた。互いの経験や支援制度、具体策の情報の共有を農家に奨励する農業組合は、そうした情報を提供してくれる重要な窓口だった。バス・イングランド西部組合はその有名な例で、農作業の向上を信じる呉服商エドモンド・ラックが率いる慈善家たちによって一七七七年に設立された。毎週開かれる会合、年一回の農業品評会、情報誌の発行により、農業問題を論じ合う場が設えられた。新しい考え方がもたらす価値を農民が認識するようになったことで、農業雑誌と新聞の購読数は急速に増加した。家畜を囲うための最上の柵、害虫の効果的な燻蒸法など、最大収量を実現するための最新技術が論じ合われた。

シュルーズベリでさえ変わりつつあった。中世風の街ではあるが、製陶業の恩恵を受けていた。父の往診に付き添ったチャールズの目には、部屋の隅に置かれた織機で粗末な敷物を織る請負仕事に従事する人々の姿が否応なく飛び込んできた。彼は父親の助手として診療簿をつけることもあった。一六歳のチャールズは、馬にまたがり、シュルーズベリの貧しい患者――大半は女性と子供――の往診に同行し、夏休みを過ごしていた。まだ若造なのに、自分の患者まで持った。患者の大半は、時代の変化に弄ばれる都会の貧乏人だった。

チャールズは、田園地帯にも足を運んだはずである。土地を横切るときに農民と言葉を交わし、狩りにも出かけた。周囲の人たちはみな、土地の生産性を上げるいちばんよい方法とか、家畜や作物の収量を上げるにはどのような世話のしかたがよいのかという新しい疑問に取りつかれていた。時代はヴィクトリア時代の初めであり、家畜に囲まれた生活があたりまえの環境だった。つまりダーウィンが遺伝の問題に初めて出合ったのは、農業問題としてであって、海外の珍しい生きもの相手のことではなかった。相手にしていたのは、牛や羊や犬といった家畜だったのだ。

農家は、品種改良に関する良質な情報の入手に血まなこだった。農業分野にはその道に通じた育種家がたくさんいたが、特定の技術がどうして有効なのかという知識は乏しかった。しかしだからといって、品種改良が進んでいなかったわけではない。牛、豚、羊の品種改良は一九世紀に精力的に行なわれていた。ホルスタインはイングランド北部で、ペンブローク牛はウェールズで、アバディーン・アンガス牛はスコットランドで生み出された。一八二二年には、ダラム地方のショートホーンが、牛としては独自の血統記録をもつ最初の品種となった。「当該品種」と見なされるすべての牛の家系図が記録されるようになったのだ。

犬の育種家も同様に熱心に情報の交換をしていた。「野外スポーツ」事典が品種の定義をした。「獣医と獣医学」誌に記事が載るようにもなった。一九世紀半ばまでには、犬は数種類の犬種だけに絞られていた。たとえばトマス・ベルが一八三七年に編纂した『ヒストリー・オブ・ブリティッシュ・クォードラペッズ（英国の四足類の歴史）』では、ブルドッグ、グレーハウンド、テリア、ダルメシアン、スパニエルなど、列挙されている犬種は二〇種に満たない。

昔の犬のブリーダーは、必要な犬の種類を繁殖させるだけだった。その場合、誰かが定めた基準を参照することはなかった。その犬の唯一の目的は、飼い主の仲間でいることだったり、狩猟用だったり、ネズミ捕り用だったり、獲物の追い出しと回収用だったり、家畜の番と駆り集め用だった。ブリーダーは、その仕事をいちばんよくこなす犬を飼い、その個体を繁殖させていた。

それが一九世紀半ばになると、愛犬家たちは犬種のスタンダードを確立し、血統の純潔を守ることにどんどん執着するようになった。一八三〇年代、四〇年代になると、ブリーダーは血統をいかにして完璧にするかを考えるようになり、血統を記録するためのストックブックをつけることがあたりまえになった。一八五九年には最初の正式なドッグショーが開かれ、一八七三年にはケンネルクラブが設立された。そうした出来事がきっかけで、グレーハウンドのような定義のあいまいな既存の犬種が公式に認められた。その一方で、

新しい犬種も増えていった。たとえば、シーリハム・テリアやダンディ・ディンモント・テリアなどだ。後者は、当代の人気作家ウォルター・スコットの小説『ガイ・マナリング』の主人公の飼い犬の名前からとられた。

じつにたくさんの種類の犬がいて、それぞれ異なる特質を備えている。そうした目を見張る多様性はどこから来たのだろう。「イタリアン・グレーハウンド、ブラッドハウンド、ブルドッグ、ブレナム・スパニエルなどは、イヌ科野生種のどれにも似ていない。それなのにそれらの犬種に似た野生種がかつては野生で生息していたなどと、誰が信じられるだろう」と、後にダーウィンは『種の起源』で書いた。この好奇心旺盛な若者に、「野生で」いた犬に関する疑問がいつ湧いたのか、それはわからない。しかし後に、ダーウィン自身が育種と遺伝の問題に関心をもった時点で頼りにすることになったのが、家畜の専門家や作物の育種家だった。特定の品種は正確にどうやって生まれたのか、特定の形質は個体にどうやって入り込ませられるのかを知りたくなったダーウィンは、市井のそういう人たちに連絡をとった。豊富な経験をもつ彼らからは、一般原理を掘り起こすためのたくさんの知識が提供された。

しかしその前に、チャールズは自分の教育を終えなければならなかった。狩り、犬、ネズミ捕りに対する情熱が過ぎたあまり、大学時代のチャールズは、ふつうの勉強にあまり

身が入っていなかった。矮小な海生生物の分類に精通するための努力はしたが、エジンバラに送り込まれた本来の目的である医学の授業には魅力を感じていなかった。チャールズのエジンバラ生活は二年が経過し、彼は一八歳になっていた。彼にとって、もっとも心躍る瞬間は狩りの最中だった。いみじくも自伝で認めているのだが、大学での生活では、犬を伴っての狩猟を、それには技量がいるという理由で正当化さえしていた。

私は狩猟が大好きだったのだが、心のどこかでその情熱を恥じていたはずだと思う。狩猟はほとんど知的な営みであり、獲物がたくさんいる場所はどこかを見定め、猟犬をうまく使うには相応の技量が必要なのだと、自分に納得させようとしていたからだ。（『ダーウィン自伝』より）

チャールズの厳格な父ドクター・ダーウィンは、エジンバラ大学での医学教育はどうやら正しい判断ではなかったかもしれないと、ついに認めた。しかしケンブリッジ大学に移った後も、狩猟はさらに規模拡大して続いていた。「意識の低い放蕩息子たち」――自伝で自ら語った表現――の群れといっしょにのめり込んだからである。ただし、その頃のことを楽しく思い出さずにはいられないとも、後に告白することになる。ダーウィンは友人の犬も借り受け、犬の話を意識の低い放蕩息子たちに書き送った。全体の目標は、全員が共有することだった。野外で一日中過ごし、野山を駆け巡り、あちこち自由気ままに立ち回り、季節を楽しみ、人生を謳歌したのだ。ダーウィンは帰省する際に従兄のウィリアム・フォックスから銃猟犬のダッシュをもらった。ダッシュはダーウィンの大のお気に入りで、一家が名誉として授ける「ミスター」の称号を贈った。

ぼくとミスター・ダッシュは土曜日の朝に無事シュルーズベリに到着しました。ぼくの中で彼の評価はうなぎ上りで、五ポンドもらっても手放さないでしょう。鳥の群れを嗅ぎつけた彼の姿と、ぼくの合図で駆け出すときの姿勢を見せたら、君の妬みと怒りを買うでしょうね。（ダーウィンからフォックス宛の一八二八年一二月二四日付けの手紙）

ポインター

ただしダーウィンは、銃猟犬には厳しかった。大学生のダーウィンは、自分の猟犬には従順であることを期待しており、自分の許可なしに獲物を追うなど言語道断だった。キャロラインは、ビーグル号の航海に出ていたチャールズに野外散策の報告をしている。「ピンチャーはまだあなたのしつけを覚えています。私たちの前にウサギが飛び出してきて、どんな犠牲を払ってでも追いかけたいという様子なのに、ピンチャーは狩りをしようとはせずに、私にピッタリ寄り添って歩いていたわよ」。

それらの猟犬は、ハンターとしての

価値とは別に、感傷に浸る対象でもあった。ビーグル号上のチャールズに宛てたキャロラインの手紙を読むと、チャールズと犬との関係が手に取るようにわかる。「一家のニュースとしては、ピンチャーが可哀そうなことに瓶のかけらで脚の腱を切ってしまいました。一生足を引きずることになるのではと、みんな心配しています」。ピンチャーの事故は、家族に赤ん坊が増えたとか結婚したというニュースに匹敵する一家の重大ニュースだったのだ。

その数年後、ダーウィンが犬の品種改良についての情報が必要になったとき、問い合わせ先の一人が、ダッシュの元飼い主ウィリアム・D・フォックスだった。フォックスの祖父が、チャールズの祖父エラズマスの兄なので、フォックスは又従兄にあたっていた（ミドルネームのDがダーウィン）。チャールズは、犬の専門家としての知識を期待して、フォックスの知恵を借りるためにたくさんの手紙を書いた。フォックスはダーウィンにとって終生の友であると同時に、ダーウィンが自説を練り上げるために必要な証拠を提供する専門家チームの一員でもあった。とはいえケンブリッジでの生活における二人の関係は、もっぱら、美しい秋を思わせる朝にともに野山を駆け巡る仲だった。

放蕩息子たちとの付き合いや犬と猟にかけた情熱が完全に責められるものだったかどうかはわからない。医者になるという考えは腹に据えかねる——文字どおり、麻酔なしの手術を見て吐きそうになった——と父親に打ち明けてエジンバラ大学を中退したダーウィンは、ケンブリッジ大学を出て牧師になる資格を取ることで、父と合意していた。いささかうなだれ気味にケンブリッジ大学に入学したダーウィンだったが、そこで甲虫採集と地質調査の専門家になった。ただしこの二つは、あいにくなことに大学の受講科目にはなかった。

勉強は上の空でのんびり屋のチャールズは、勤勉な父と賢い兄の陰で目立たない存在だった。父親が彼のことを、夢見がちで物静かな上に、財産を築いた自分のような意欲を残念ながら欠いているという見方をしていると常々思っていたとしても、驚きではない。

現代社会でダーウィンが占める重要性を考えると、狩りや犬やネズミ捕りに興じる息子の将来をドクターがどう案じていたかはわかりにくい。もっとも、チャールズが父親から信頼されていると実感し、「お前にとっても一家にとっても不名誉なことになる」という不満をもらさなくなるのは、まだ先のことだった。ダーウィンが犬に寄せる関心は、父親にとっては、具体的な目標のない息子の象徴だった。ダーウィンはいつも、父親が自分に不安を抱いていると感じていた。しかし姉のキャロラインは、チャールズは父親のことをずっと誤解していると思っていた。「チャールズは、お父様があの子のことをどんなに愛しているか、その半分もわかっていないみたい」。

ケンブリッジ大学を卒業したチャールズは、この先どうするかも見通せないまま実家に戻った。田舎牧師になるという可能性はあった。しかしその考えは、自然界を探りたいという情熱を掻き立てるものではなかった。そんな彼を救ったのは、ケンブリッジ大学で植物学の教えを請うた恩師ジョン・スティーヴンス・ヘンズローからの手紙だった。南アメリカ沖に向けて二年間の航海に出るビーグル号の艦長ロバート・フィッツロイ大佐の話し相手として航海に同行するつもりはないかというのだ。最終的には帰国まで五年を費やすことになった航海である。

いよいよ航海に出発するというのに、ダーウィンの思考は牧歌的なままだった。フォックスに宛てた手紙では、「地球の構造に関するわれわれの知識のすべては、老いた鶏が、いつも地面を引っ

かいている片隅の土地百エーカーについて知っていることと同じだと思うよ」と書いていた。ダーウィンは世界周航の旅に出た。

第２章　仕組み

One out of every hundred
litters is born with long leg
and in the Malthusian rush
for life, only two of them liv
to breed. If prey are swift
the long-legged one shall
rather often survive ...
in ten thousand years the
long-legged race will get
the upper hand.

100 腹ごとに１腹の割合で脚の長い子犬が生まれ、マルサス流の生き抜き競争の中で、そのうちの２頭だけが繁殖するまで生き残る。（中略）脚の長い犬のほうが、生き残る頻度は高いだろう。１万年もたてば、脚長品種が優勢になるだろう。
（ジョン・マカロックの著書へのダーウィンの書き込みより）

ビーグル号がファルマス港に戻ったのは一八三六年一〇月二日日曜日のことだった。乗員が本国を後にしてから五年の月日が経過していた。ダーウィンが最初に目にするイングランドの景色は、コーンウォールの海岸のはずだったが、宵闇に隠れていた。ダーウィンは、リオデジャネイロ、タスマニア、タヒチ、ハワイなどに上陸したほか、フエゴ島の荒涼とした海岸にも立った。馬の背に揺られてパタゴニアの平原も横断した。チリではオソルノ火山の噴火を目撃したし、オーストラリアのブルーマウンテンズではユーカリの森を散策した。しかし今は、ただただシュルーズベリの実家にすぐにでも帰りたかった。

到着を前もって知らせるのももどかしかった。手近の馬車に飛び乗ると、二日二晩ぶっ遠しで馬車を飛ばした。窓から見えるイングランドの緑鮮やかな風景が目にまぶしかった。心づもりとしては、何事もなかったかのようにみんなの前に突如現れるはずだった。そのときのみんなの驚きようを想像すると、馬車の中で揺られながら笑みがこぼれた。

シュルーズベリに到着したのは、火曜日の晩、みんなが寝静まった後のことだった。明朝の計画を楽しみに、誰も起こさずに自分の寝室に入った。朝食の席に突然姿を見せ、姉たちを驚かせるつもりだった。実際そのとおりになった。五年ぶりの弟の帰還を見た姉妹の嬌声が想像できるというものだ。再会が宴に変わった。使用人たちも昼間から酔っぱらった。「家に帰れて、とても幸せです」と、チャールズはジョサイア叔父に書き送った。

帰宅初日から、チャールズは犬のことを気にかけていた。キャロラインは一八三三年の末にチャールズ宛に書いた手紙の中で、南アメリカの草原でガウチョよろしく馬を乗り回す弟を想像しながら、「ピンチャーはあなたを見てきっと大喜びすると思うわ」と書いていた。キャロラインもチャールズも、チャールズが帰ってきたときに実際どうなるか、興味津々でいた。さてそれで、キャロラインが提案した犬の記憶実験はどうだったのだろうか。

チャールズはその日のうちに実験に着手した。息子のフランシスが後に書いている。「父の犬は不愛想だった。父だけには忠実だが、それ以外の人にはなついていなかった。ビーグル号の航海から帰った父を、その犬は覚えていた。ただし奇妙なしかたで。父はその話をするのが好きだった」。ダーウィンの口からその話を聞いてみよう。

気が荒くて見知らぬ人には敵意を見せる犬を飼っていた。私は、五年と二日の不在の後でも私のことを覚えているかどうかを確かめることにした。その犬がいる厩舎に近づき、以前と同じしかたで呼んでみた。その犬は喜んでいる風には見えなかったが、ただちにいっしょに散歩に出て、私に従った。それはまるで、三十分前もいっしょにいたかのような振る舞いだった。昔のつながりが、五年間の眠りを経て、ただちに目

ブルドッグ

覚めたのだ。
（『人間の由来』より）

記憶実験の結果は明白だった。この犬は見知らぬ人を嫌うのに、チャールズが呼んでも唸らなかったのだ。その犬は、五年も会っていなかったチャールズをすぐに思い出したのである。五年といえば、犬にとっては一生のほぼ半分に相当する。この事実は、犬の知的能力はそれほど単純ではないという証拠になった。

チャールズのことを覚えていたこの「癇癪もち」の犬の

名前はわかっていない。言うことをよく聞く猟犬のピンチャーではないようだ。人を咬むせいで手放されたツァーだった可能性はある。ただ、前述の引用では五年と二日の中断とあっさりと書いているが、これはビーグル号の航海に出ていたあいだの空白期間なのだ。つまりチャールズ・ダーウィンは、大航海から帰還した当日に、犬の実験を敢行したことになる。

ダーウィンは、犬には洗練された情動的な気質があると考えることにためらいはなかった。昔の「つながり」を含めて、犬に長期の正確な記憶を認めたのだ。かねてよりダーウィンは、犬それぞれの個性に関心をもっていた。それが今は、もっと広い関係の中で犬を見る準備が整い、生きものすべての関係について検討することに乗り出した。そして最終的に、人と犬は類縁が遠くない動物であり、両者には驚くほど多くの共通点があるという驚きの結論に至ることになった。

ダーウィンはイングランドに腰を据え、ロンドンの学界にデビューした。地質学会や地理学会などに顔を出し、地質学者のチャールズ・ライエルのような有名人と知り合いになった。ドクターは息子に年四〇〇ポンドの生活費を与え、思う存分研究に打ち込める手はずを整えた。ダーウィンにとって唯一の不満は、田園を遠く離れたことだった。「ロンドンの通りは大嫌いです」と、ケンブリッジに住む友人に書き送っていた。

ダーウィンにとって当面の大仕事は、ビーグル号の航海で持ち帰った標本の分類同定をしてくれる専門家探しだった。アルコール漬けにした菌類から大きな化石まで、種類も大きさも多様だった。簡易剝製にされた鳥類はジョン・グールドに託すことにした。グールドの父親は庭師で、ジョンは年一〇〇ポンドの報酬で動物学会で剝製作りと分類の作業をしていた。地位は低いものの恐ろしく博識で、余った時間にダーウィンの鳥類標本の調査を行なうことを喜んで引き受けてくれた。巨大な化石の数々は、リチャード・オーエンに預けた。オーエンは外科学会の切れ者の若き解剖学者で、絶滅したリャマやカピバラ等々、化石の正体を次々に明かしていった。いずれも現在も南アメリカにいる種と近縁だが、サイズははるかに大きい種類だった。オーエンの発見は、ダーウィンの興味をそそった。

グールドからも調査結果がもたらされた。グールドによれば、ガラパゴスの鳥はとても多様だが、いずれもみなごく近縁な種だという。小鳥の標本を詳しく調べた結果、ガラパゴス島の標本はすべて「まったく新しい一つのグループ」の一三種だったのだ。どのフィンチも見かけはずいぶん異なる。そこでダーウィンは、それらはガラパゴス諸島の別々の島や、同じ島でも異なる環境条件で採集されたものだからなのではと考えた。しかしここで致命的なミスに気付いた。採集場所を示すラベルをつけ忘れていたのだ。それでも、ほかの乗組員が採集した標本から、自分が採集した標本の出所をなんとかたどることができた。

ダーウィンは同時に二つのことに従事していた。公式には、標本を預けた専門家を束ね、ビーグル号航海の報告書を大急ぎで仕上げようとしていた。これはほぼ目途がたちつつあった。その一方で個人的には、他人に見せるつもりのない秘密のノートに思いついたことを書きなぐりながら、理論を組み立てつつあった。

ダーウィンが取り組んでいたのは「種の問題」だった。一八三六年の時点では、大半の教養人は、種は「不変」であると教えられていた。神は『創世記』にあるように世界を創造し、地上のすべての生物種について一番ずつ完璧に創造したというのだ。種の不変性を疑うことは、創造それ自体の完璧さを疑うことだった。ただしヴィクトリア時代の初め頃には、種は時間とともに変化してきたという意見も聞かれるようになっていた。イングランド南部の海岸からは、今はもういないアンモナイトのような生きものの化石が見つかることが知られていた。一八世紀においてさえ、チャールズの祖父であるエラズマス・ダーウィンは、すべての生きものは一つの祖先に由来しているという考えを口に出していた。

では、エラズマス・ダーウィンをはじめとするそれらの人たちは正しかったのだろうか。海岸の岩から見つかる小さな化石から、名前がついたばかりの恐竜のような巨大な絶滅動物の骨まで、地球の宝物を目にした多くのヴィクトリア人が、生きものはほんとうに不変だったのだろうかという疑問を抱くようになっていた。特に、ダーウィンがオーエンに託した南アメリカの化石のように、絶滅動物は現生する動物にきわめて近縁らしいとなればなおさらだった。もしかして、絶滅動物は現生種の「祖先」なのではないのか。

この「転成説」と呼ばれていた考えは、政治と社会の変革を期待する過激な若者たちにことに人気だった。足りないのは、種が変化する仕組みだった。種を変える不思議な過程は実際にどのようにして起こるのか、それについて納得できる説明がないことには、世の有力者たちも、種の「不変」説に与し続けるしかなかったのだ。

航海から戻ったばかりのダーウィンには、目にしてきたものについて振り返る時間があった。グールドが調べたフィンチで見つかったことは、証拠の一断面にすぎなかったが、全体像がしだいに浮かび上がりつつあった。世界周航で集めた標本で見えてきたことは、子供時代から見慣れてきた家畜にもあてはまるのではないか。ガラパゴスで見た種の多様性は、シュルーズベリで目にしていた鶏や観賞用鳩、犬の多様な品種となんとなく似ているような気がした。ダーウィンが特に知りたかったのは、生きものがそのような途方もない変異を生み出す仕組みだった。ガラパゴスの一三種のフィンチは見た目が大きく異なるし、イギリスの犬種も、トイプードルからブルドッグ、ブラッドハウンドと多様極まりない。それもみな、もとは一種の野生の祖先から作られたはずなのだ。

個々の種は神の完璧な創造物と見なされる世界では、ほかと異なる個体は、元の完璧な

1. エスキモー・ドッグ　2. ディンゴ　3. メキシカン・ラップ・ドッグ　4. ドール

デザインから外れた「できそこない」と判断される。しかし、そのちょっとした違いのおかげで、その個体はほかよりも少しだけ勝っているとしたらどうなるだろう。本章の扉に掲げた引用でダーウィンが述べているように、すばしこい獲物を追いかけて倒さなければならない肉食獣のグループでは、脚がいちばん長くてもっとも速く走れる個体が最初に獲物にありつけることになるはずだ。

ダーウィンは、生きものの生存にとって有利な適応に特別な関心を寄せた。太いくちばしを持つフィンチは、くちばしが細い鳥には割れないような実でも割ることができる。ブラッドハウンドは、嗅覚にひときわ優れているため、今も犯人の追跡に使われている。しかし、そのような特殊な才能は、そもそもどこからもたらされたのだろう。生きものの変異は、どのようにして生じたのだろう。

疑問はさらに続いた。生きものの多くは、個体ごとに異なっている。それは確かだ。しかし、そのようなちょっとした変異が生じたとして、それはどのようにして固定されて「不変」となり、新しい変異の有利さをどのようにして次世代に伝えるのだろう。ダーウィンはこれを、「一万年たてば、脚長品種が優勢になることだろう」と表現した。そうすれば、新しい「品種」、あるいはもしかしたら新種が確立されることになる。自然界や家畜の品種に見られるたくさんの変異は、神の創造物における「できそこない」や完璧さからの逸脱などではなく、途方もないものなのではないか。種が時間をかけて変わる仕組みを解く鍵なのではないか。ダーウィンはそう考え始めていた。

一八三七年の七月、ダーウィンは新しいノートを用意し、赤茶色の革表紙にBと書いた。外見的にはなんの変哲もないこのノートにとりとめもなく書きつけられた内容は、ダーウィンの膨大な体系的思考の発露だった。ダーウィンは手持ちの知識を仕分けていった。大学で学んだことの一部は残し、一部は捨て去り、航海中に見聞きしたことと帰国後に学んだことを新たに結び付けていったのだ。種は時間をかけて別の種へと変わりうる。あともう少しで、そのような信念に立つ転成説が構築できそうだった。

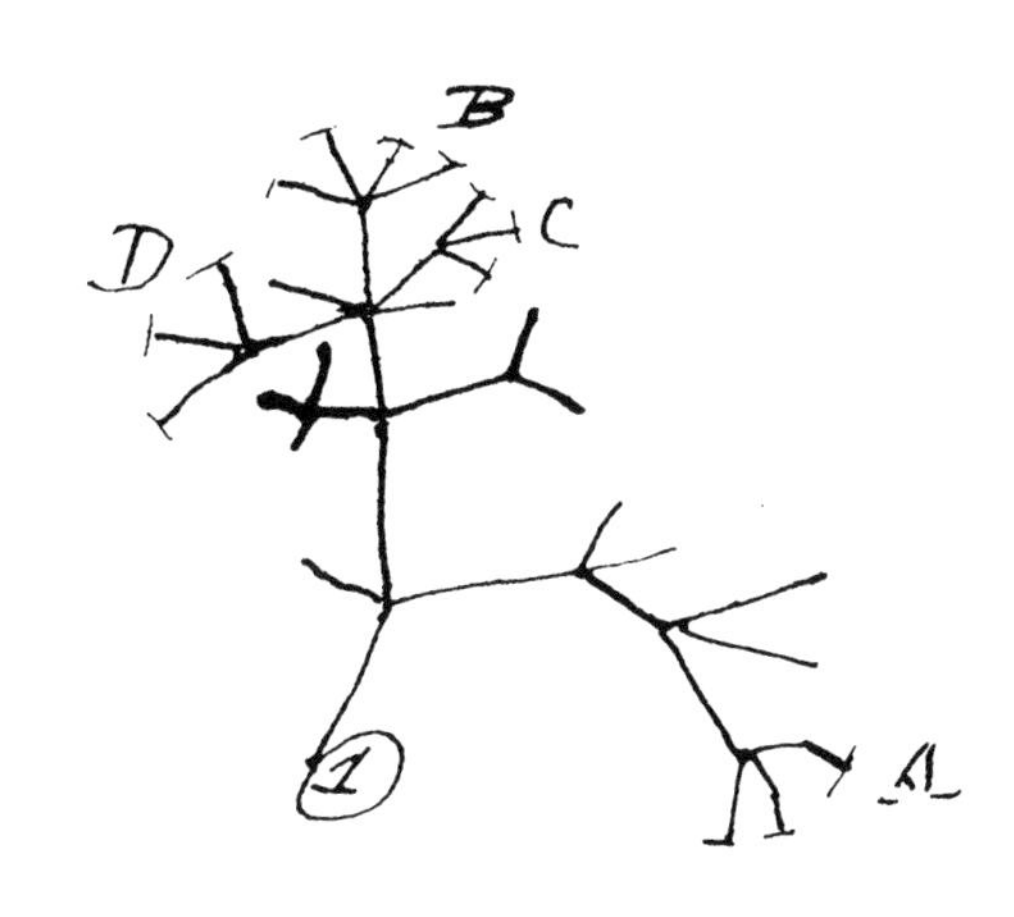

最初に抱いた二つの疑問に加え、新たに最後の疑問が湧いてきた。種は別の種から進化するなら、世に存在するすべての種は互いにどのように関連付けられるのだろう。ダーウィンは、枝サンゴのような関係を想像した。そして、一本の根元から出発して、時間とともに分岐しながら成長してゆく分岐図（系統樹）をノートBに描いた。

　類縁関係を示す枝状のネットワーク。この樹形図は、すべての生きものは一つの祖先から、時間とともに進化と多様化を繰り返しながら生じてきたというダーウィンの考えを表している。この図の上方には、ダーウィン特有の丸文字でI thinkという書きつけがあった。

　ダーウィンは空論に耽っていただけではなかった。さまざまな情報源から実際の証拠を精力的に集めたのだ。たとえば、動物学会の熱狂的愛犬家のミスター・ヤレル、犬とオオカミとジャッカルの類縁に関する一八世紀の専門家ハンター、犬種のリストを『ブリティッシュ・クォードラペッズ』にまとめたトマス・ベル教授といった面々が情報源だった。ダーウィンはほかにも、アンダーソンの『農業の気晴らし』、犬に関するハミルトンの著書、家畜の世話に関するコリーの著書、そして当然、エラズマス・ダーウィンの著書も読んだ。

なかでも特に重んじたのが、品評会で入賞した牛や犬のブリーダーなどの実務家たちだった。犬だけでなく猫、鳩、蜜蜂、小麦、大麦といった家畜や作物が重要な出発点となるというのが、ダーウィンの信条であり続けた。後に彼は、「私は観察を開始するにあたり、家畜化された動物や栽培植物を注意深く観察することが、この曖昧模糊とした問題を理解する最高の機会を提供してくれると考えた」と、『種の起源』の冒頭で書いている。ダーウィンが知りたかったのは、変異体はいかにして生じるかだった。ならば、変異体を巧みに作り出している専門家に聞かぬ手はない。変異体の出現が大歓迎されるのは、家畜化や栽培化に際してだった。「変異体が出現する上でもっとも好ましい条件は、飼育栽培下で何世代も育種されているときであると思われる」という一節が、一八四四年にまとめた試論にある。

実際に種が変化している現場も目撃したかった。しかし、野生の種の変化はのろい上に少しずつすぎるため、観察していても目に見えないはずだと考えていた。そこで着目したのが品種改良だったのだ。動物や植物の望ましい資質を選抜する手法から、自然界の過程が類推できることを期待して。脚の長い好ましい変異体を作り出せるような人を見つけたいものだ。

ダーウィンは、自分にとって関心のある分野の専門家を見つけ出すことに骨身を惜しまなかった。見つけると、詳しい関連情報の提供を依頼した。あるテーマをライフワークにしている人を見つけ出し、自分の疑問をぶつけてその人の意見を探り出した上で、自分の理論に役立ちそうな質問をそれとなく投げかけるのだ。この調査法は、やがてダーウィン独特の研究の進め方になった。

しかし、ただ集めるだけではない。それは、集めた情報を合体させて中心地（自分の研究）に引き寄せ、そこで見直しをするという哲学的なやり方でもあった。探し求めたのは、植物の特定の属に通じた専門家や、観賞用鳩について知るべきことに通じている人だった。犬のブリーダーでも、良い子犬を見分ける目をもった人、血統の鑑定家、後ろ脚の形にひたすらこだわる人などとも情報を交換した。そして、手に入れた情報を総合して活用した。

ダーウィンは、ノートを更新していった。それらのノートは絶対の秘密となり、自身の思考の貴重な安置場所となった。晩年を迎えたダーウィンは、自伝を執筆するために、秘

スムース・コリー

密のノートを改めて開いてみた。そこで驚いたのは、若かった自分がいかに研究に打ち込んでいたかだった。若い頃の自分をほめてやりたくなった。「雑誌や紀要の全バックナンバーを含め、読んで内容をまとめたあらゆる種類の著作のリストを前に、私は自分の勤勉さにおどろくしかない」(『ダーウィン自伝』より)。

　犬の話は何度も取り上げた。とにかく犬の例に興味があったのだ。単純な理由としては、あてにできる犬の専門家がいたということがある。別の理由は、個人的に関心の高い問題だったからである。しかも、特別に興味深い問題をはらんだ分野ということもあった。犬の品種は、サイズと形状においてもっとも変異に富んだグループだからだ。しかしじれったい問題もあった。それらの変異がどこからもたらされたものなのか、とんと見当がつかなかったのだ。

特に犬の祖先をめぐる大論争があった。犬には、明白な祖先に相当する野生種が見当たらなかった。祖先種候補としては、飼いならされたオオカミ、ジャッカル、コヨーテなどの名があがっていた。犬の家畜化が起こったのは先史時代のはずなので、証拠となる記録はないことになる。おそらくオオカミに似た野生の祖先をもとに、大きなニューファンドランド犬から小さなペキニーズまでの変異が育種によって作り出されたのだろう。犬の品種改良が、幅広い変異はどこから生じたのかという疑問を解く鍵になりそうだった。

ダーウィンは資料を探しまくった。過去を振り返り、古代エジプト人が犬を飼っていた証拠を探し当てた。これで、犬の育種の歴史は、少なくとも四千年ほど前までたどれたことになる。犬とオオカミの問題も探り、目を通したページに線を引いた。そこで未解決の問題が浮上した。オオカミと犬が同じ種の野生種と家畜種に相当するなら、たやすく交雑しないのはなぜなのだろう。

特に魅力的だったのがグレーハウンドの存在だった。猟犬のスピードと的確さはどのようにして作出されたのかを理解しようとしてグレーハウンドに注目したのだ。それこそ、変異体はいかにして生じるのか、長い脚のような特に有利な変異がその利点を次世代に伝

グレーハウンド

える上で生存上いかに有利となるかを知るための完璧なテストに思えた。ダーウィンは、ただ単に犬に興味があるだけではなかった。犬は、自説を完成させるための重要な駒でもあったのだ。

調べれば調べるほど、疑問が湧き出た。種とは何なのか。ダーウィンは自問した。種とは、実在する実体の抽象的な定義なのか。あるいは、人間のナチュラリストが自然界に見ている人為的な概念なのか。種と変種は同じ連続体上に実在しているのか。同じような個別の実体ではあるにせよ、そこでは種のほうが定義しやすいというだけのことなのか。

この問題に、ダーウィンはことさら悪戦苦闘した。種は実在すると主張する専門家の意見が救いだった。「グールドが教えてくれたように、『種がもつ美しさこそがその厳格さを物語っている』」と、ノートBに書きつけた。グールドがガラパゴスの鳥に見つけた違いには深い意味があることに、ダーウィンは強い印象を受けたのだ。しかし彼はさらに先に進んだ。同じ純血種からは純血種が生まれることを知っていたからだ。「しかし、変種もそうだという話は聞かない。グレーハウンドを一万回繁殖させられないなら、もうそれはグレーハウンドではなくなる」と続けていた。ダーウィンは、生物学が提起するもっとも厄介な問題に直面していた。

こうした問題に対する取り組みの進捗状況は、秘密のノートに残されている。そこにはたくさんの情報源からの詳細な記述が見て取れる。大好きな犬に関して接触した相手の一人はウィリアム・ヤレルだった。ミスター・ヤレルは、射撃の名手として有名だった。ロンドン一だと言う人もいた。釣り師としても名を知られ、イギリスの鳥類に関する決定版的な著書を著した。その内容は科学的に正確で、識別ポイントとなる羽色などに関する生き生きとした叙述で満ちていた。ダーウィンがヤレルと会っていたのは動物学会の定期会合においてだった。当時の会合は、リージェンツパークの動物園ではなく、レスタースク

エア二八番地の博物館展示室のジオラマやパノラマに囲まれて開かれていた。

　ウィリアム・ヤレルは家業の新聞販売で財を成した。生活に余裕ができた後は、大好きな釣り、狩猟、猟犬の品種改良に情熱を傾けた。ダーウィンにとって、この博識な紳士との会話に価値があったことは、初期の秘密のノートに、ヤレルから聞いた話という書き込みがあることでわかる。

　ヤレルにぶつけた質問の一つは、遺伝という問題に関連した品種改良の専門家の意見だった。二人はケンブリッジ大学クライスツカレッジ在籍時に友人となっていた。ダーウィンが入学した際、なにかと世話を焼いてくれた年上のフォックスが、自然史学に興味をもつ仲間として紹介してくれたのだ。フォックスはダーウィンに試験の手ほどきもし、ともに聖職者になるための資格の取得を目指していたのだが、結局、聖職者になったのはフォックスだけだった。ダーウィンがビーグル号の航海に出ているあいだに、フォックスは牧師補の職を得て結婚した。

　ダーウィンは、友がナチュラリストを職業にしなかったことを残念がったが、フォックスは教会向きだった。それでもフォックスは、自然への深い興味関心を失うことはなかった。フォックスは一八三八年にチェシア州デラメアの教区牧師になり、科学の趣味に割ける時間が少しだけ増えた。特に打ち込んでいたのが家畜の育種だった。鶏の育種に手を付けていて、ダーウィン宛の手紙でその問題を取り上げ、ダーウィンを感激させていた。

フォックスの名は、ダーウィンが密かに転成説をもてあそんでいた最初のノートに頻繁に登場している。手紙でもダーウィンは、自分の関心事をフォックスにそれとなく告げていた。「動物の交雑に関するぼくの質問を覚えていてくれてありがとう。君は相変わらずいい奴だね。この問題を考えることがいちばんの趣味で、種と変種をめぐる難しい問題をいずれなんとかできるのではないかと、真剣に考えているのです」。二人はいつも親愛に満ちた手紙を交換していたが、ダーウィンの理論にフォックスが与することはなかった。フォックスは最後まで、神による創造を信じていたからだ。

ダーウィンは、航海から戻った翌年、一八三七年一一月に、フォックスをその任地であるワイト島に訪ねた。二人は楽しい休日を過ごし、犬の品種改良について知りたいことや、どこでその情報が手に入るかを具体的に語り合った。その結果、ブラッドハウンドの名うてのブリーダーであるジョン・ハワード・ゴルトンにフォックスが問い合わせてくれることになった。

ダーウィンが知りたかったのは、ブリーダーが犬種の「純血」を維持するためにしていることだった。つまり、望ましい形質をどうやって維持しているのか、ほかの形質の混入をどうやって妨げているのかが問題だった。望ましい形質を維持するためにブリーダーが

レトリーバー

採用している代表的な方法は「近親交配」だった。近縁な犬どうしを交配させるのだ。しかしゴルトンは、その方法のまずい点をフォックスに即答した。「近親交配のもう一つの問題点は、犬が早老になることです」。どうやら、純血種は雑種よりも病気になりやすくて寿命が短いということらしかった。

初期のノートに名前が登場するブラッドハウンドの専門家はゴルトンだけではなかった。「オックスフォード通りのミスター・ベル」の名もある。ジャコブ・ベルの職業は家業の薬種業を継いだ薬剤師だった。父親が店の経営に成功していたおかげで、息子は画家を支援したり、学術団体の会合に顔を出す余裕があった。特に応援していたのが、動物画で大成したエドウィン・ランドシーアだった。

ランドシーアは、ベルが飼っていたブラッドハウンドを何度も描いた。ベルは、熱心なだけでなくきわめて特別なブリーダーだった。キングス・カレッジ・ロンドンで動物学の教授を務めていたトマス・ベルが、それについて述べている。「品種は徐々に後退しており、今や純血種に出合うことなどきわめてまれである。純血種の稀少な例としては、オックスフォード通りのミスター・J・ベルが所有するすばらしい犬種があげられる。氏はそれらの犬種の純血を見事に維持している」（『英国の四足類の歴史』より）。ミスター・ベルはランドシーアに多額の支払いをしていただけでなく、画家としての活動に貴重な助言をしていた。たとえばランドシーアは無許可の版画の制作販売に苦い思いをしており、ベルは著作権侵害対策などの助言をしていた。

ランドシーアが最初にベルの犬を描いた作品は、一八三五年制作の「眠るブラッドハウンド」だった。ベルは、ロンドン南西部のワンズワースに邸宅を構えていた。一八三五年、彼が大切にしていた犬カウンテスが、屋敷正面の手すりから二〇フィート（六メートル）以上も下に転落した。死にそうなカウンテスを抱えたベルが向かった先は、獣医ではなく、

セント・ジョンズ・ウッドにあるランドシーアの家だった。カウンテスが死んだときのことを思い、絵として永遠に残しておきたかったのだ。ランドシーアは、その依頼に応じてカウンテスを描いた。そして幸いなことに、カウンテスは死も免れた。

数年もしないうちに、ベルは別の絵の制作をランドシーアに依頼した。それが、一八三九年制作の有名な作品「威厳と生意気」である。この絵のモデルは、ブラッドハウンドのグラフトンと、ウェスト・ハイランド・テリアのスクラッチである。絵の中の二匹は穏やかな様子だが、グラフトンは威厳を損なう行動をしがちだった。夜間、同じ厩舎に閉じ込められていたとき、最後の一線が越えられた。グラフトンがスクラッチに襲いかかったのだ。ベルは、今度やったら「撃ち殺してやる」と激怒した。一八三九年、ベルはランドシーアの弟チャールズに、ブラッドハウンドの母親と子犬の絵の制作を依頼した。

愛犬家たちはベルの純血種を喜んだ。しかしダーウィンにとって重要だったのは、それはベルの繁殖技術の高さを意味するからだった。ダーウィンのノートと手紙には、「ミスター・ベル」から得た情報に関する言及が何度も登場する。ヤレルと同じくベルの名も、品種改良の経験と交配記録の細心さゆえにきわめて有用な信頼できる情報提供者のリストに加えられていた。そのリストに載っていたのは愛犬家だけではなかった。ウィリアム・テゲットマイアーは愛鳩家の編集人だったし、ジョージ・トレットは、ダーウィンの叔父

威厳と生意気（サー・エドウィン・ランドシーア画、1839年、©Tate, London 2008）

の敷地に隣接して屋敷を構える畜産家だった。

ダーウィンは多数の実例を集め、自説について考え始めていた。次は、考えられる仕組みがいかにはたらくか、理論を膨らませる番だった。そうするにあたり、特に二人の思想家に頼った。一人は、地球の歴史は聖書年代記よりもはるかに長いと教えてくれた地質学者チャールズ・ライエル。もう一人は、生きものは自然界の許容量を超える数の子を産んでいるという見方を教えてくれたトマス・マルサス師だった。

ライエルは、ダーウィンの十歳年上で、すでに地質学者として大きな名声を勝ち取っていた。ダーウィンは、ライエルが出版したばかりの『地質学原理』の第一巻をビーグル号の航海に携えて行き、むさぼるように読んで感化されていた。ライエル自身は転成説論者ではなかった。しかし地球の年代に関するライエルの洞察が、種はいかにして別の種に変わるかという問題を解く上で最終的に役に立つことになった。

ダーウィンは、種に生じたごく小さな変化が時間とともに積み重なっていくと考えることから始めていた。種の転成が起こっている現場を見たナチュラリストがいないのは、その変化が小さいためである。日々の変化は人間の目には見えないほど小さいが、長い時間が経過するうちに、分類学者が別種として区別できるほどの目に見える違いを生み出すことになるはずなのだ。

しかし、そのような小さな変化が積み重なり、イタチのような動物が犬のような動物に進化するまでには、膨大な時間を要するはずだった。しかしここで、科学は難問に直面した。創世記が立ちはだかったのだ。創世記には歴代族長の年齢が記されており、旧約聖書の情報と合算することで、天地創造からの正確な年数が計算できる。その計算を最初に行なったのは、アッシャー大司教だった。一六五〇年に発表されたその計算によれば、世界が創造されたのはわずか六千年前、紀元前四〇〇四年一〇月二三日の直前のことだったという。しかし六千年では、ダーウィンが考えるような変化を起こすには、時間が圧倒的に足りなかった。

ダーウィンはライエルの書に助けを求めた。ダーウィンは大学時代に、地形を劇的に変えうるのは大地震や大洪水のみだと教えられていた。ところがライエルは、地球はそれよりもはるかにゆっくりとしたペースで変わっていると論じていた。山脈が作られ、渓谷が穿たれ、氷河が大地を削ってきた。ただしそうした劇的な変化はどれも、川のゆっくりした増水のような日々の過程によって達成されたものだ。必要なのは時間だけだった。何千年、何百万年のあいだに、単純な増水で深い渓谷が侵食され、山脈に流路を開き、地表の景観全体を変化させうる。ライエルは一つの結論に達することができた。地表を形作ってきた地質学的な作用は信じられないくらい強力だが、恐ろしくのろいというのだ。地球の年齢は、アッシャー大司教の予想よりも何百万年も古くなければならないことになる。

地球の年齢はとても古いというライエルの考えは、生きものの歴史にもあてはまるかもしれないと、ダーウィンは考え始めた。地質学的な作用が何百万年にもわたって影響を及ぼしうるなら、種も同じ時間スケールで変化できないはずがない。ダーウィンは、はるかに大きな変化を想像し、それがどうやって起こるかを考えた。たとえばすでに、一つの種が長い脚をゆっくりと進化させるというような、小規模な変化には取り組みずみだった。では、単細胞動物が進化して犬や人間のような複雑な構造をした動物に変わる過程についてはどうか。

ライエルの考えに則り、数千年ではなく数百万年を考えてみよう。そうすれば、犬や絶滅した巨大なマンモス、カモノハシ、シロナガスクジラ、コウモリ、人間などが、はるか遠い昔の地球にいた同じ祖先から由来したと考えることの困難が解消するではないか。百万年あれば、どでかいことが起こりうる。最近の研究によれば、すべての哺乳類の最後の共通祖先が生きていたのは、およそ二億二千万年前のことらしい。最初の有胎盤哺乳類——妊娠して赤ん坊を身籠る哺乳類——が出現したのは、わずか一億年前のことである。それ以前にいた、人間と犬の共通祖先である最古の哺乳類は、卵を産んでいたはずだ。この驚きの結論に、ダーウィンは狂喜した。

たっぷりの時間というライエルの考えを採用したものの、ダーウィンの理論には変化を起こす駆動力が欠けていた。変異体を拾い上げて集団全体に浸透させるような力が思いつかなかった。その仕組みについて思いあぐねる中でちょっとした気分転換のつもりで手に取った本が、パズルの最後の空白を埋めてくれることになった。一八三八年九月のことだった。

トマス・マルサス師のベストセラー『人口論』を読み始めたダーウィンは、流行の先を走っていたわけではなかった。それどころか、流行りの意見の跡追いだった。なにしろ『人口論』の出版は一七九八年で、すでに六版を重ねていたからだ。しかも版を重ねるごとに売り上げ部数は増えていた。その本を執筆時のマルサスは、サリー州の田舎牧師補だった。ところがその著書が、政治経済学史においてきわめて影響力のある学術書となった。マルサスは強硬派のヴィクトリア人で、貧民救済はなぜうまくゆかないのか、アイルランドの飢餓は放置しておいたほうが長期的な視点ではうまくゆく理由を説明していた。

マルサスは『人口論』の中で、人間を苦しめてきた戦争、飢饉、株価暴落、経済破綻を分析し、変数、条件、相違点はどうあれ、常に共通点が二つあると冷静に指摘している。食糧供給——マルサスの言葉では「生活手段」——が増えても、その増分は算術級数的でしかなく、年に何パーセントか増えるにすぎない。ところが人口のほうは指数関数的に増加すると、マルサスは言う。一組の夫婦が五人の子供を設け、それぞれの子供がまた五人の子供を設け、孫たちがまた子供を五人ずつ設けると、最初の夫婦は一二五人もの子孫を持つことになるからだという。

そうなると、人口は食糧供給を上回る速さで増加しうる。そして人口増加が食糧供給を上回ったとたん、抑止力がはたらくことになると、マルサスは語る。その「抑止力」としては、疫病、戦争、そしてとりわけ飢餓と餓死がある。つまり、生まれてくる子供は死に、食料がまた行き渡るようになる。マルサスに言わせれば、これは単純に算術の問題だった。

マルサスを読んだダーウィンは、抑止力の部分に目が行った。ダーウィンから見れば、自然界は食糧、身の安全、繁殖の機会をめぐって激しい競争が交わされている場所だった。ダーウィンは、生き残れる以上の数の子供が生まれているというマルサスの考えを採用した。生きものは、生き続ける権利をかけて闘っているというのだ。ダーウィンは、春の池にあふれるオタマジャクシや、農場で飼われている猫の多産さを目にしながら育った。ダーウィンの頭からは、小さな生命がうじゃうじゃといる光景が離れなかった。

ライエルは、地球の年齢はかつて考えられていたよりもはるかに古いし、地質学的な作用のはたらき方ははるかにのろいと主張していた。そこからダーウィンは、種の変化が引き起こされる時間は途方もなく長いという考えを発展させた。一方のマルサスは、種の繁

オオカミ

殖のしかたは食糧供給を上回るほど速いという主張で知られていた。アナウサギを見ろ、というわけだ。そこからダーウィンは、子供はうじゃうじゃ生まれるという考えを思いついた。何百万個もの卵や種子、オタマジャクシ、子犬が産まれるのに、生き残る子はわずかだ。この二人の思想が、ダーウィンの中で化学反応を起こし、彼が集めた素材が黄金に変わったのだ。

ダーウィンの理論は、ようやくにして形を成した。変化を伴う由来という説に、自然淘汰説がパワーを与えたのである。ほかよりも長い脚を持って生まれたオオカミは、ほかよりも足が速い。その結果として、ほかのオオカミよりも獲物をわずかだけ手に入れやすいことがわかる。自然淘汰説とは、脚の長いオオカミは、脚の短いライバルよりも生き残るチャンスが大きいという意味だった。そのおかげでそのオオカミは、ほかよりも繁殖に成功し、たくさんの子供を育てることができた。つまり、その世代にあって、ほかのオオカミよりもたくさんの子供に、長い脚とすばやく走る技を伝えることになる。その子供たちもまた、走るのに長けており、獲物を捕まえるのもうまい。したがって、全集団中の脚の長いオオカミの割合は増えることになる。そこで起こった変化は長い脚であり、あとのことは自然淘汰のなせる業だった。

ここでダーウィンが直面した大問題は、猟犬における長い脚のような有利な特徴が子に受け渡される具体的な仕組みだった。転成説が成り立つためには、動植物の少しでも有利な適応を子孫に伝える方法が存在するはずなのだ。その積み重ねが、ダーウィンのフィンチを分類したグールドのような人なら気付く程度のごくわずかな変化を種の見かけにもたらすのだろう。

問題は、鋭い分類学者の目は常に「種」を見分けてしまうことだった。しかし実際には、長い脚とか鋭い眼といった特権を利してより優れた新しい種を形成しつつある小集団によって種の境界があいまいになりつつあるという状況は見られないではないか。種は実体であり、自然界で見分けることが可能で、微妙な漸次的移行によって他種との境界がぼやけているというものではない。これが、ダーウィンの理論に執拗に向けられることになった異論だった。

まだ、遺伝子という概念はなかった。子犬は母犬の子宮の中で前成されている状態で生まれてくる。そのまた子犬でも同じことが繰り返される。遺伝とはそういうものだと教える風潮の中で、ダーウィンは教育を受けた。

それは「前成説」という考え方で、ダーウィンは信じていなかった。しかし、それに代わる理論がなかった。大きな集団の中の一個体がたまたま少しだけ長い脚を持って生まれるという幸運に浴したとしよう。しかし、大集団のほかの個体と繁殖すれば、その利点はすみやかに薄まってしまうだろう。ダーウィン理論の支持者は、生きものには有利な適応を「保持し続ける」方法が、その仕組みはまだわかっていないものの、必ず備わっているはずだと、ひたすら信じるしかなかった。この状態は、二〇世紀初めに遺伝学が発展するまで続いた。

それとは別に、ダーウィンにはもっと差し迫った懸案事項があった。五年間の不在を経て、ダーウィンは一人前に成長していた。親の財産のおかげで、生活費にも一生困ることはない。帰国後は、ウェッジウッド家に入り浸りだった。そのいちばんのお目当ては、従

姉のエマだった。

エマはダーウィンの一歳年上だった。ダーウィンはどことなくエマにひかれて結婚し、深く愛した。「道徳的資質のあらゆる点で私よりはるかに優れているこの人が私の妻になることを同意してくれたことは、私にとって驚くべき幸運だった」と、自伝で語っている。

二人は結婚前から家族同然だった。しかし、二人を分ける深刻な問題もあった。なかでもいちばんの問題は、チャールズは母親を亡くした瞬間に、母親が信仰していたユニテリアンの影響から脱したことだった。それに対してエマは、生涯にわたって信仰心を抱き、最終的には国教会に帰依した。

そこでダーウィンは、エマへのプロポーズを検討するにあたり、二つの可能性を秤にかけた。紙のまん中に線を引き、結婚した場合のメリットとデメリットを列挙したのだ。ダーウィンの好みにいくらか詳しくなったことで、そのリストの中の奇妙な項目が気になるはずだ。なにしろ、いかにもダーウィンらしく、大好きな犬を引き合いに出して相手を誉めているからだ。エマを妻とすることのメリットとして、「ともかくも犬よりはいい」と、茶目っ気たっぷりにエマを賞賛しているのだ。

第3章　起源

Man in his arrogance thin
himself a great work, wort
the interposition of a deity
More humble and I believ
true to consider him creat
from animals.

傲慢な人類は、自分たちは神が介在したにふさわしい偉大な作品だと思っている。私はもっと謙虚に、人類は動物から造られたと考えるのが正しいと信じている。

（「ノートC」より）

一八四二年の六月、ダーウィンはペンを置いた。自説の最初の概略ができあがったのだ。なぐり書きと文章のカットを経た三五ページには、書き込みや取り消し線があった。そこには、「先見の明があれば、この土地にはウサギがたくさんいるから、イヌ科の動物がもっと長い脚と鋭い眼を持てばうまくやれる——グレーハウンドができる」という一節も。その後ダーウィンは、この小論を何度も書き直し、最終的にページ数は二百ページを超えた。しかし内容だけは変わらず、進化は実際に起こったという信念に満ちていた。

ダーウィンのその小論には、チャールズ・ライエルから受け継いだ長い時間スケールと、マルサス師の著作で見つけた個体数増加と食糧供給の限界が課す圧力が入れ込まれていた。ダーウィンの理論には、ポインターの子犬は、石に対しても、片足を上げて獲物の居場所を教える姿勢（ポイント）を本能的にするといったような、犬のブリーダーから得た育種と遺伝に関する詳細が盛り込まれていた。あるいは、牛の品種改良家から得た、食肉用と牛脂用の牛の育種のしかたの違いといった経験談も活かされていた。そして全体を通じて、自然淘汰による変化を伴った由来についての議論となっている。小論の清書もできあがったのだが、ダーウィンはそこで踏みとどまった。誰にも見せることなく、引き出しの奥にしまい込んでしまったのだ。

ダーウィンが踏みとどまった理由は一つではなかった。彼は慎重な性格の持ち主だった。

ダウンハウスのダーウィン

ロンドンの科学者コミュニティでは新参者で、チャールズ・ライエルのような憧れの大物たちの知己と評価を熱望していた。ビーグル号の航海で集めた多彩な例や育種家たちがもたらした証拠で固めたダーウィンの新説は、ロンドンの保守的な人士のあいだでは不評を買うに決まっていた。それどころか、世界的な騒動を惹起しかねなかった。特に、転成説の書『創造の自然史の痕跡』が一八四四年に出版され、ベストセラーとなり、ヴィクトリア女王まで読んだほどの「汚らわしい書」との烙印を押された後はなおさらだった。しかし何よりも恐れたのは、妻であるエマのことだった。結婚当初、エマは、夫が信仰を捨てることになったら、あの世での再会がかなわないのではないかという思いやりのある手紙を夫に書き送っていたのだ。『創世記』の記述内容に疑いを差しはさむ理論を発表すべき時期ではなかった。

そこでダーウィンは、新説を公表して嵐に巻き込まれる代わりに、家族との団らんに沈潜することにした。一八三九年の年末には長男のウィリアムが生まれ、一八四一年の初めには長女アニーが生まれていた。ダーウィン家は大所帯になりつつあった。結婚してロンドンに住まいを構えた夫妻だったが、そのままずっとロンドンにいるつもりはなかったものの、ロンドンが嫌いではなかった。ダーウィンは、身重の妻を抱えた一八三九年一〇月、従兄のフォックスにロンドン生活の様子を伝えている。「静かに暮らしている分には、ロンドンほど静かな場所はないね。濃い霧に包まれた景色は壮観だし、遠くに聞こえる馬車の音も。君にもわかると思うけど、ぼくはすっかりロンドン子になりつつあります。あと半年はここで暮らすと思うとうれしいよ」。

しかし本音では、田舎の平和と静寂が恋しかった。そこで一八四二年に田舎に夢の屋敷を購入することにした。新居を初めて見たときの感想は、植物に目が行っていた。『ダーウィン自伝』でそのときの感想が吐露されている。「チョーク（白亜）の土地にふさわしい植物の茂りぐあいがじつによかった」。多様な植生に加えて、ダウン村での生活が提供してくれそうな平穏さがうれしかった。ダーウィンにとって、そこが終の棲家となった。

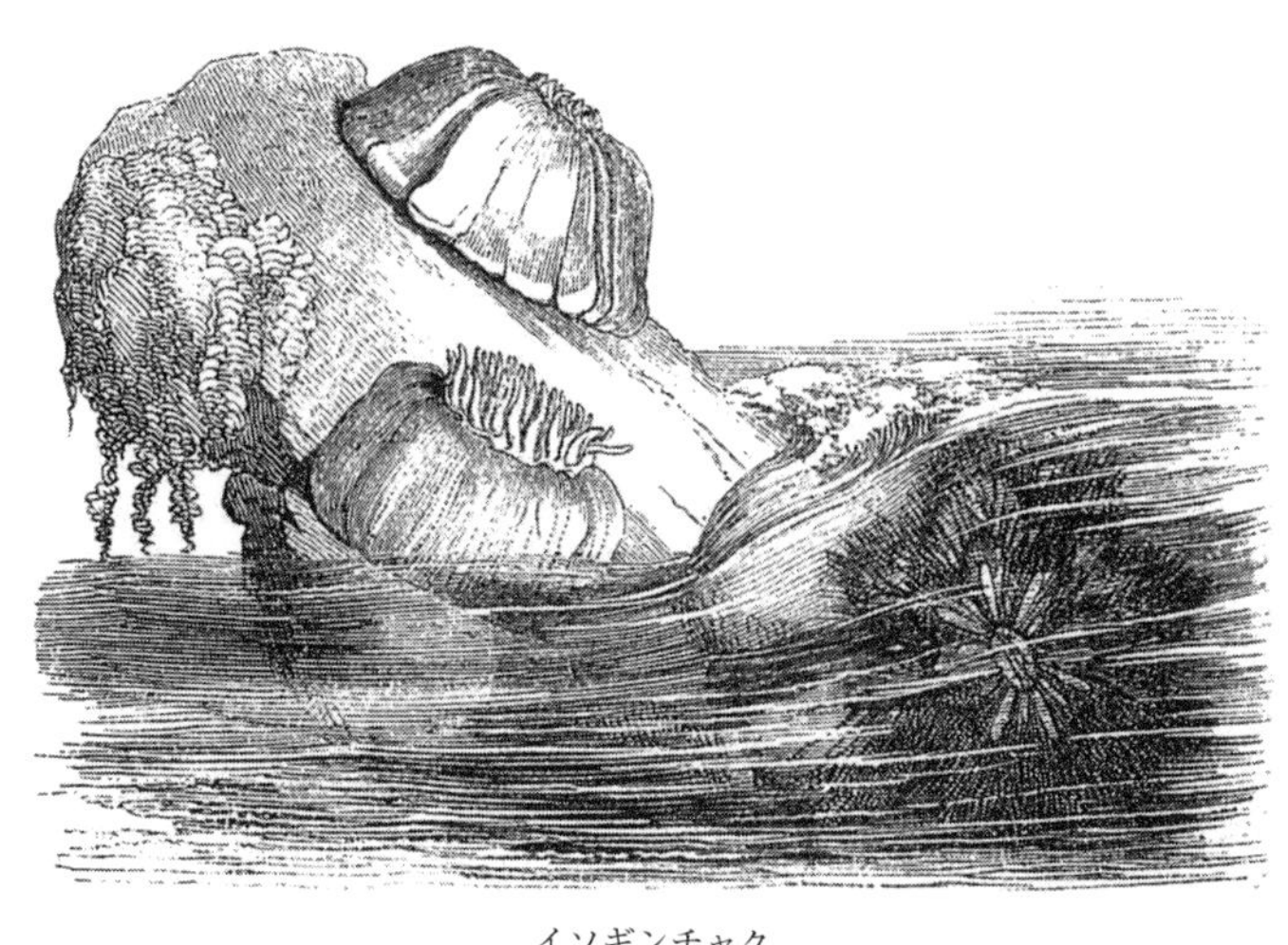
イソギンチャク

しかし、ダウンに移住する前に骨格を固めていた自説の公表まで、さらに十六年の月日がかかることになる。その十六年の間に、七人の子供が生まれた。子供たちの成長は父親にとって何物にも代えがたい喜びであり、慰めだった。「幼いお前たちといっしょに遊ぶのが無上の喜びだった。あのような日々は二度と戻らないと思うと、ため息が出る」と、『ダーウィン自伝』に書いている。悲しいこともあった。三人の子を亡くしたのだ。特にアニーの死は辛かった。娘の回復に一縷の望みをかけて出かけた保養地からは、自宅で待つ妻に向けて、毎日三通の悲痛な手紙を送り続けた。

むろん、十六年を無為に過ごしていたわけではない。最初はサンゴ礁の研究論文をまとめ、次はフジツボの分類に手を付けた。フジツボの微細な構造を顕微鏡で観察するほどに、ダーウィンは、引き出しの奥にしまい込んだ自説の正しさへの確信が増していった。それでも、アフリカ探検中の従弟フランシス・ゴルトンに宛てた手紙は控えめだった。「私の研究材料はちっぽけな虫です。サイやライオンを見慣れている人には、とんでもなくつまらないことに思えるでしょうね」。

ナチュラリストとしての自信を深め、研究者仲間とのネットワークを築き、同僚の尊敬を勝ち取った十六年間だった。その一方で、謎の体調不良に苦しめられ、ダウンでの蟄居を余儀なくされていた。腹痛と夜中の吐き気にたびたび襲われたのだが、原因は不明のままだった。それでもロンドンの会合に出向くこともあり、信頼のおける仲間を少しずつ増やしていった。

転成の問題に関する自説を打ち明けられるほど親しくなったナチュラリスト仲間はごくわずかだった。一八四六年、ビーグル号の航海で持ち帰った植物標本の分類を新たに引き受けてくれる研究者が必要となっていた。そのときに推薦されたのが、キュー植物園の園長ウィリアム・フッカーの息子ジョゼフだった。ジョゼフ・フッカーは、あっという間にダーウィンの取り巻きとなり、最終的には腹心の友となった。フッカーと知り合ってわずか数カ月後、ダーウィンは自らの異端の説を打ち明けることにした。「まるで殺人を告白する」ような気分で。それに対してフッカーは、自分の目に狂いはなかったとダーウィンに確信させる率直な返事を書いた。

それでもダーウィンは、転成説の仕事を再開しようとはしなかった。ただしフジツボの仕事を続ける間も、自ら「種の仕事」と呼ぶ研究にいつの日か戻るつもりでいた。ただ、ストレスと不安に悩まされたあげく、いかなる形も成さない結果に終わることを恐れていた。一八五四年にフッカーに送った手紙でその不安を打ち明けている。「種などに関する小論をまとめたところで、タンポポの綿毛のようにすべてが吹き飛んでしまうとしたら、恐ろしく拍子抜けしてしまうのではないかと不安です」。

＊＊＊

子供たちが小さい頃のダーウィンの日課は、朝八時前に一人で朝食をとり、そのまま仕事を始めるというものだった。午後のあわただしさが始まる前に、早朝の頭の冴えを活かしたかったのだ。九時半に一時間の休憩をとり、客間でお茶を飲みながら手紙に目を通してから、お昼頃まで再び仕事に戻る。お昼になると天候にかかわらず庭に出て、犬を伴って決まったコースを五周してから昼食だった。

穏やかな生活のリズムは、研究と執筆に割くべき枠組みに応じて変わっていった。年月はめぐり、八回の夏と冬を経たところで、ついに我慢の限界に達した。「ぼくほどフジツボを憎んでいる者はいないでしょう。船足の落ちた船の乗組員だってこれほどではないはずです」と、一八五二年一〇月にフォックスに宛てた手紙で悲鳴をあげている。それでも、世に出たフジツボの研究書は、習熟し詳細に通じた生物学者というダーウィンの評判を築くことになった。一八五三年には、サンゴ礁、火山などに関する地質学的報告とフジツボ研究に対してロイヤルソサエティのゴールドメダルが授与された。

一八五四年に全四巻のフジツボ研究が完結したことで、ダーウィンは再び種に関する秘密のノートに向かい合い、犬の問題にも舞い戻った。種に関する研究に、以前にも増す情熱と確信を持って取り組めるようになったのだ。計画では、この問題に関する網羅的な本を執筆するつもりだった。しかし、何事にも体系的なことを重んじるダーウィンは、既存のノートをまとめるだけでは気がすまなかった。あらゆる批判に耐えられるよう、自説を何度も検証し推敲する必要を感じていた。

オックスフォード通りのベル氏の話やゴルトンのブラッドハウンドの話など、ノートの古い記述の仕分けも行なった。文通相手も増えていた。ベンガルのアジア協会博物館のエドワード・ブライズ、カルカッタ植物園の前園長ヒュー・フォルコーナーなどだ。ブライズからは、インドの半野生犬であるパリア犬に関する詳しい情報がもたらされた。フォル

リカオン

コーナーは、チベタン・マスティフに関する情報を提供してくれた。その一方でウィリアム・ヤレルとの文通も続けており、観賞用鳩を飼うといいというヤレルの助言にイエスと答えていた。

犬に関する情報収集を続ける一方で、新しい関心事も追加されていた。海流による種子の運搬も調べたくなったのだ。そのせいで、書斎のマントルピースには、種子が芽を出した植木鉢がずらりと並んだ。変わった品種の骨格も調べたくなり、ヤレルの観賞用鳩の解剖をした。一八五五年四月二五日、ケンブリッジ大学にいた長男ウィリアムに、新しい鳩小屋が完成したと報告した。そこにはファンテイルとパウターの番を入れるつもりだが、それぞれ一番二〇シリングもするとも。

鳩の飼育は、実験動物とペットとのあいだに微妙な線引きをした。ダーウィンは、研究用の骨格標本が喉から手が出るほど欲しかった。しかし、生きている鳥を殺すのは忍びない。最終的には、「親切極まりない最高の殺し屋」(一八五五年八月の手紙)こと従兄のフォックスが殺生役を申し出てくれた。「誓って言うけど、雛鳥を殺すなんていう面倒で不愉快な作業を引き受けてくれるほどの善人がいるとは思えない。まちがいなく、君以外にはね」(一八五五年三月の手紙)(ダーウィンは、猫にはそれほどまでの思いやりはなかった。一八四一年一月のフォックス宛の手紙では、「君のアフリカの混血猫が死んだら、骨格を小さな籠に入れて送ってくれるとうれしいです。絶対、忘れないでね」と書いていた)。

自宅は実験場の様相を呈しつつあった。以前にもまして、世界中からやって来る情報の集積所にもなっていた。インドのエドワード・ブライズからは長い手紙が届いた。インドの家畜に関する情報、ウサギ、鳩、ジャッカルに関する詳細が何枚にもわたって綴られていた。フッカーとの手紙のやり取りでは、種に関する本が出版された暁には提起せざるをえない難しい質問が交わされた。

特に二人が問題にしていたのは、種と変種との境い目についての理解に納得がいかないことだった。ここに、まぎれもない難点があったのだ（この点に関しては、未だに異論が多い）。今は、種と変種はかなり流動的な分け方であるとされている。その区別は、ある程度、個々の研究者の気分しだいなのだ。

ダーウィンとフッカーは、心底から「併合派」と呼べるナチュラリストが存在することをただちに了解した。種をできるだけ幅広く定義し、たくさんの変種をそこに入れてしまおうという考え方をとる一派である。その逆が「細分派」だった。形質に変異がある個体は完全な別種に分けてしまおうと考える一派である。フッカーは併合派を自任しており、どこかはっきりしない植民地から、明らかによそでも見つかる種類を「新種」と称してキュー植物園に送りつけてくる植物学者に激怒していた。フッカーは植物学者ジョージ・ベンサムの変節をダーウィンに告げていた。「そういえば、ベンサムは私と同じすごい併合派に変わりました。いやもっとかも」（一八五七年一二月の手紙）。

答のない難問は残っていたが、ダーウィンは「大著」をゆっくりと、しかし確実に仕上げつつあった。それは、以前から練り上げ、ようやく公表の準備ができた理論の完全な説明となるはずだった。ただし躊躇もあった。犬種間の交雑や隔絶した大洋島に生える植物の種類に関して、十分な情報を得たとの確信が持てずにいたのだ。

ダーウィンは波風を起こさない学術出版を考えていたのだが、そうはなりそうになかっ

た。最初の兆候は一八五六年に現れた。サー・チャールズ・ライエルが、「ナチュラルヒストリー紀要誌」に出た論文を読み、不安を抱いたのだ。その雑誌は、ジョゼフ・フッカーの父であるウィリアム・フッカーが編集する専門誌で、ナチュラルヒストリー（自然史学）全般の論文や、イギリスとアイルランドの学会会報の要約などを掲載していた。

ライエルが危惧を抱いたのは、マレー諸島に滞在している若き標本採集家アルフレッド・ラッセル・ウォレスによる、「すべての種は存在するに至った」という趣旨の論文だった。よく読んでみると、ダーウィンがライエルに個人的に打ち明けていた理論に怖いくらいよく似ているように思えたのだ。ライエルは、誰かに先を越されないうちに、急いで公表しろとダーウィンを急かした。一八五六年五月のことだった。それでもダーウィンは、同じペースで仕事を進めた。ライエルの警告を無視したのだ。

しかし一八五八年六月一八日、ダーウィンは科学者なら誰もが恐れる知らせを受け取った。アルフレッド・ラッセル・ウォレスが、ダーウィンの先を越していたのだ。ダーウィンとウォレスは、その一年くらい前から手紙のやり取りをしていた。ウォレスは、ダーウィンが抱える各地の専門家の一人として、「珍しい」鳥の標本をひとまとめにしてダウンに送っていた。二人は、イギリスと極東のあいだで、何カ月もかかる文通をしていたのだ。しかしその距離にもめげず、当時の大問題に関して、二人は「似たような考え」を抱いて

アルフレッド・ラッセル・ウォレス

いた。ウォレスにしてみれば、これほどの歓びはなかった。なにしろダーウィンほどの人と同じ考え方をしていることを知ったからである。

ウォレスは、自説をもっときちんと論じることにした。それを論文にまとめてダーウィンに送るつもりだった。その頃ダーウィンは、遠く離れたイギリスにいて、ウォレスが恐ろしいほどよく似た理論を仕上げているとも知らず、種の大著の仕事を粛々と進めていた。一八五八年初めの時点で、ダーウィンは、「大著」を二万五千語まで書き進めていた。書斎には十四章分の紙の束が積まれていた。ところがその六月、ウォレスから破局を告げる手紙が届いた。アジアにいる採集家がダーウィンを出し抜い

たのだ。その四千語の論文は、自然淘汰説の概略を完全になぞっていた。

ダーウィンはその日のうちにライエルに手紙を書いた。誰かに先を越される前に公表しろというあなたの警告は正しかったと。ウォレスは先を越していただけではなかった。言葉づかいまで似ていたのだ。「一八四二年に私が書いた小論をウォレスが持っていたとしても、これ以上に的を射た概要は書けなかったことでしょう!」。

ダーウィンは苦悶の中にあった。自分の論文を公表するのが正しいこととは思えない。そんなことをすれば、はるか極東にいる若者の優先権を横取りすることになってしまうからだ。その一週間後にライエルに宛てた手紙でも、苦悩を打ち明けている。「彼やほかの人から、あいつは卑劣な行ないをしたと思われるくらいなら、書きかけの本を燃やしてしまうほうがはるかにましです。(中略)自説をこれから公表するのが卑劣でさもしいことなのかどうか、私にはわかりません」。解決策を見つけてくれたのは古き友人ライエルだった。二人の論文を同時に発表すればいい。一八五八年七月一日に、リンネ学会の会合が予定されていた。

しかし、重大な会合だったというのに、ダーウィンは自宅に留まっていた。六月二八日に末の赤ん坊チャールズが、猩紅熱で死んだのだ。両人の論文が読み上げられたが、聴衆の関心をほとんど引かなかったという事実は、頓着されなかったようだ。ダーウィン家は悲劇に見舞われており、残された子供たちの心配で手一杯だったからだ。ダーウィンの頭は混乱していた。悲劇から立ち直るために、ワイト島での休暇が企画された。しかしその休暇から戻ったダーウィンは、一般向けの短い本の執筆に取りかかった。種の問題に関する自分の研究をそこにまとめようというのだ。それが、彼の名を不朽のものとした『自然淘汰による種の起源について』、通称『種の起源』だった。

その新著におけるダーウィンのねらいは、「自然淘汰」という仕組みを説明することだった。変異体はどのようにして出現し、変異した個体間での生存闘争の起こり方、分岐した変種がどのようにして新種を形成するかを説明していた。それと同時に、予想される反論への対応もあった。中間段階の化石が見つからないのはなぜか、眼のような複雑な器官はどのように進化したのかなどだ。しかし本の構成は、ダーウィンがその理論にたどり着いた道筋をなぞるように、何年もかけて研究してきたテーマである家畜と栽培植物における変種に関する章から始めることにした。第1章の最初の一文は、野生種よりも飼育栽培下にある種のほうが変異がはるかに多く見つかるのはなぜかという問いかけから始まっている。

犬を見てみようと、ダーウィンは書いている。専門家が言うように、現在においても、犬は地上に存在した脊椎動物の中でサイズと形状に最大幅の変異が見られる種である。そ

れはなぜか。飼育下では、体全体が、いうなれば「可変的」になっているからというのがダーウィンの考えだった。動物を飼いならすことは、野生の祖先では隠れていた変異性のすべてが明るみに出される過程だというのだ。その変異性に淘汰が作用することになる。

では、変異性はどこから来るのか。おそらく飼い犬は、イヌ科の何種かの野生種の交雑に由来している。ただし犬の起源がどうであれ、ブリーダーにとっていちばん重要なのは、望ましい資質をどうやったらたくさん作り出せるかである。ダーウィンの関心事は、育種における選択と選抜の成果の見事さにあった。「それぞれ用途の異なるさまざまな犬種を比べたらどうか。(中略)すべての品種が、今われわれが目にしているような完全なもの、有用なものとして突然に生じたとは思えないのだ」と、『種の起源』で書いている。

ダーウィンが言うには、「鍵は、選抜を蓄積できる人間の能力にある。自然は変異を継起させるだけで、人間がそれを自分の都合のよい方向へと積み上げるのだ」という。これこそが、ダーウィンが子供時代から何度も目にしてきた育種の方法だった。ダーウィンは、実際に育種家たちの知恵に注目し、受け入れなさいと読者に要求する。それは、育種家が行なっている「人為選抜」と「自然淘汰」のとんでもない創造力とのアナロジーを次に持ち出すための布石だからだ。ただし、農場で家畜の育種家が行なっている選抜と、自然が行なっている淘汰との重要な違いが一つだけある。

「自然淘汰」は絶え間なく作用しうる力であり、「人工物」と「自然」の作品とを見比べればわかるように、人間の微力な努力とは比べ物にならないほどの威力がある。

（『種の起源』より）

このダーウィンの説明からは、神による完璧な創造が消え去っている。自然は、信じられないくらい熟達した巨大な育種家にすぎないということにされているのだ。

ダーウィンは、必要な部品をすべてつなぎ合わせて理論を組み立てていた。植物や動物には変異がある。繁殖して生き残る数以上の数の子供が生み出される。個々の世代は、次の世代とごくわずかだけ異なっている。競争の激しい状況では、ほんの少しの利点でも、生存したり子供の数を増やす上で有利となる。利点を備えた個体が繁殖すると、その幸運な遺伝的資質を受け渡す子供の数が少しだけ増える。幸運な資質は、集団中にゆっくりと広まる。長大な地質学的時間が過ぎる中で、最初はちっぽけなつましい存在だった生きものも、もっと洗練されたものへと発達しうる。眼が発達して物が見えるようになる。肢が発達して泳ぎ始める。肺が発達して陸上へと進出する。少しずつわずかずつ、種は進化してゆくと、ダーウィンは論じた。

現代にあっては、一般向けの科学書であっても、統計数値や図表の説明があって当然である。『種の起源』を手に取って開くときの第一印象は、そうしたものが一切ないことだ。それは、ほんとうに一般向けの本だからなのだろうか。いやそんなことはない。『種の起源』は、教育程度の高いエリート層向けに書かれた本である。では、重大な議論をするにあたってダーウィンがそのような形式を選んだ意図は何だったのか。

例をあげよう。変異の法則を論じた第5章で、ダーウィンはあらゆる種類の家畜とその野生種を取り上げている。なかでも大きな関心を寄せているのが、クアッガ、インドのカチワー種、シマウマ、ロバなど、ウマ属に見られる縞の数である。まずはふつうのウマで見られる縞から話を始めている。

> ウマに関しては私も自分で、イングランドの顕著な品種とあらゆる毛色のウマについて背中の縞模様の有無を調べた。（中略）私の息子は私のために、両肩に二重の縞、足に横縞のあるベルギー産の河原毛の荷役馬を詳細に調べ、絵を描いてくれた。私が絶対の信頼を置く人は、両肩に三本の短い縞が平行に走っている河原毛のウェルシュポニーを詳しく調べてくれた。
>
> （『種の起源』より）

科学者に限らず誰もがこのような論を展開するときは、読者を納得させようとしている。ダーウィンは、リンネ学会の同僚たちを納得させたかっただけでなく、『創造の痕跡の自然史』という「インチキ本」を買いに走った知的な一般読者も獲得したかった。そこで、図表や統計数値を駆使する代わりに、実例をこれでもかとばかりに並べている。

たとえるなら、『種の起源』は、有効なスペースのすべてを小さな装飾で飾ったヴィクトリア様式の屋敷だと思えばいい。この本を初めて読む多くの人は、冗長な内容という第一印象を受ける。まさに、ヴィクトリア様式の室内装飾を思わせるような。

ただし、そのせいでダーウィン理論の核心に的を絞るのが妨げられていると見なすと、それらの実例はダーウィンが展開している議論を織りなす綾であることを見落とすことになる。ダーウィンの情報源は世界中におり、世界中から証拠を引き寄せていた。彼はあらゆる種類のウマの背中の縞模様を探し求めた。ベルギーの荷役馬の例のように。こうした詳細な些事は、『種の起源』は世界に向けての発信であることを裏書きしている。

ダーウィンは、実例を地上から隈なく集めただけでなく、時間的にもさかのぼった収集をしていた。事実の貪欲な探求に精を出していたのだ。たとえばウマについて、先の引用にある「顕著な品種とあらゆる毛色のウマについて背中の縞模様の有無を調べた」という一節は、それに匹敵する事実の収集の成果を同書の中にちりばめていることを意味してい

るはずだ。

そして証拠の信頼度を強調するダメ押しをしている。ダーウィンの文通先はあちこちに張り巡らされていた。しかし何よりも重要なのは、情報源は信頼できることを読者に信じてもらうことだった。「私が絶対の信頼を置く人」という表現が、ダーウィンが掲げている証拠は鉄壁であることを告げているのだ。

こうした仕掛けを仕込むことで、ダーウィンは、「私を信じて。これはすごい話なんだから」と言っているのだ。現代の科学者は、図表や統計解析で武装することで信憑性を担保しようとする。ダーウィンは、現代の科学者が画期的な論文を発表する前にやる以上の調査をしていた。それを信じない手はない。なぜなら現代にあっても一般の読者は、科学者はきちんと研究していると信じるほかないのだから。ダーウィンは、『種の起源』の「はじめに」において、読者に呼びかけている。


記述に関して、いちいち参考文献や出典をあげることもできない。私が間違っていないことは、読者に信頼してもらうしかない。もちろん、信頼のおける出典のみに基づいて論じることを常に心がけてはいるが、それでも誤りが入り込んでしまうことは避けられないだろう。

シマウマ

正確には、ダーウィンを科学者とは呼べない。大学で禄を食み、統計解析や図表を盛り込んだ論文や本を出版するようになった一九世紀後半以降の職業的科学者と区別するために、ダーウィンのような人は「ナチュラリスト」と呼ばれることがある。この違いを知れば、例をこれでもかと積み上げている理由もわかってくる。ダーウィンは、実例満載の文章に要点を打ち込んでいるのだ。これぞ、ヴィクトリア時代のナチュラリストが採りうる最上のやり方だった。

ダーウィンの執筆法に関して、肝心なことがもう一つある。すでに述べたように、『種の起源』は人為選抜を論じた章から始まっている。これは、ブリーダーの考え方をアナロジーとして利用したかったからにほかならない。そうすることで、後ほど登場する「自然淘汰」という用語の意味を理解しやすくするためである。それともう一つ、家畜やペットの品種改良に通じる淘汰という概念に親しんでもらい、専門用語としての違和感を取り除こうという仕掛けなのだ。

そういうわけで、『種の起源』の第1章に犬や鳩、家畜が登場するのはたまたまのことではない。犬の話は、ダーウィンが集めた、ブリーダーの長い経験に基づく証拠として登場している。犬の話ならばなじみがあるので、議論の流れについていきやすいはずだからだ。極め付きは、ダーウィンの新説は、イギリス人が恐れる異端の無神論などではなく、不安のないあたりまえの説なのだと思わせる上で、犬の例が有効だということもある。

ダーウィンの『種の起源』は読みにくいという定評がある。『種の起源』に取り組むと、ハクスリーがこの本を評した「事実の山が砕けて形を成す」という言葉を実感する瞬間が必ずや訪れる。その一方で、感性を刺激する美しい表現も頻出する。ダーウィンは自然淘汰を論じるにあたり、一頭のオオカミを想像してほしいと訴えている。

そのオオカミは、獲物よりもずる賢かったり、強かったり、足が速かったりするおかげで仮に成功しているとしよう。「オオカミがいちばん食物不足になる季節」に注目しよう。

オオカミは寒い中、腹をすかせながら待っている。「そのような状況で生き延びる可能性がもっとも高いのは、もっとも敏捷でスリムなオオカミであり、そういう個体が保存されるか選抜されていくのが当然だと思う。（中略）人間は、グレーハウンドの足の速さを選抜育種によって向上させることができる」。自然淘汰もそれと同じことだという。

自然淘汰は、世界のいたるところで一日も一時も欠かさずに、ごくごくわずかなものまであらゆる変異を精査していると言ってよいだろう。悪い変異は破棄し、よい変異はすべて保存し蓄積していく。個々の生物をほかの生物との関係や物理的な生活条件に照らして改良すべく、機会さえ与えられればあらゆる時と場所で静かに少しずつその仕事を進めている。

（『種の起源』より）

人間のブリーダーが狩猟犬の育種で鋭い眼や速い足を絶えず作り出しているのと同じことを、自然もやっているというのだ。

異説に関する本を執筆中、ダーウィンはたびたび体調不良に見舞われた。そんなときは、本の内容が宗教に反することへの不安に捕らわれた。神学にかかわる本の内容は、新説が社会に受け入れられるかどうかの鍵を握っていた。ダーウィンが自著の中で達成しなけれ

ばならない重大な課題は、自説の必要性と自ら展開する議論と、読者の一部がかたくなに信じる宗教的な信念のあいだをうまくすり抜けることだった。『種の起源』の何カ所かで、ダーウィンは『創世記』の創造説を厳格に信じる人たちにとって、自説は何を意味するかという問題を真正面から取り上げている。

彼のやり方は、とても穏やかではあるが執拗なものだった。自身の見解と、創造説を信じる読者が採用する解釈とをあえて並置するのだ。たとえば、ロバやシマウマなど、ウマ属の異なる種で出現する縞模様に話を戻そう。創造説を信じる人なら、ウマ属の個々の種は、ある状況ではそれぞれ縞模様の変異を同様に生じさせる傾向を備えた形で創造されたと考えることだろう。これは、こういう特定の仕方で変異する傾向をもつように創造されているためで、同じ属の種間関係を示すヒントが仕込まれているからだという解釈になる。しかしそれは欺瞞的なヒントということになりはしないか。

ダーウィンに言わせれば、この信念はたとえ神を信じていようとも、誤った方向でしかない。「この意見を受け入れるのは、非現実的な原因、あるいは少なくとも未知の原因を受け入れるために、真の原因を拒絶することである。それは、神の御業を単なる模倣や欺きにしてしまうことだ」。本書で提示したすべての証拠を前にしてもなお種の創造を信じ続けるのは、神は人類を欺こうとしたと言っているようなもので、神に仇をなすことになると、ダーウィンは明快に断じているのだ。神の御業は欺きなどではないというのである。

では、信仰心に厚い人たちは、自然界に見られる類似性をどう見ていたのだろう。リチャード・オーエンのような信仰心に燃えるナチュラリストでさえ、解剖した生物種が他種と似ていることを認めていた。これほど見かけが似ていることは、何を説明しているのだろう。オーエンの意見は、それは神の御心の表れであり、神の創造に見られる調和を観察する者に、類似性が教える近縁なグループにすべての種を分けて創造した結果であるというものだった。それに対してダーウィンの意見は明快だった。すべての生きものは、過去のある時点で同じポイントから生じた。類似性は神が意図したものではなく、家族ならば似ていて当然だからである。ウマの仲間が縞模様を持っているのは、ようするに家族だからだ。共有している形態的特徴を見れば明らかだ。同じく、遠い過去のどこかで、トドとイヌは親戚だったことになる。

ただし、変化を伴った由来説に対する反論は、宗教的なものだけではなかった。ダーウィンは、『種の起源』の中で、予想される科学的反論に正面から答えている。「その中には、今日に至ってもなお、私自身考えるたびに自説に対する自信がぐらつくほど深刻なものもある」と、ダーウィンは率直に書いている。後世の人の中には、この部分をダーウィンの研究が抱える弱点としてあげている者もいる。その一方で、これこそ、さらに多くを学び

シンリンオオカミ

たいというダーウィン特有の謙虚さとやる気を示しているという意見もある。
　ダーウィンがあげている反論リストはシンプルである。第一に、種と種のあいだの移行種はどこにいるのか。進化はゆっくりと進むのだとしたら、移行段階の「あいまい」な種が見つからないのはなぜなのか。眼のようなきわめて複雑な器官を、自然淘汰はどのようにして徐々に生み出したのか。『種の起源』のおよそ三分の二は、そうした反論への回答にあてられている。ヒマラヤ山麓の化石層からニュージーランドの植物相まで、ダーウィンは進化を包括的

ブルドッグ

に説明するために世界を見渡している。ここでもダーウィンは、時空をまたいで、あらゆる種類の証拠を考慮に入れていることを読者に納得させようとしている。時間的には化石種を取り上げ、空間的には大英帝国とキュー植物園のネットワークを活用して世界中から集めた標本と事実を並べ立てているのだ。

そのように、たったの三行でインドネシアの群島からパナマへと地球を飛び回るスケールの大きさが、本物であると納得させる極め付きの風合いを『種の起源』に与えている。読者はダーウィンとともに世界を股にかけることになる。しかも、大陸を一望にする巨視的な視野で。「コルディエラ山系［アンデス山脈］」にそびえる高峰に登れば、ビスカチャに近縁な高山種のヤマビスカチャがいる。水辺を見れば、ビーバーやマスクラットはいないが、南アメリカ型の齧歯類であるヌートリアやカピバラがいる」。

それ以外にも多くの反論が『種の起源』に寄せられた。自然淘汰による漸進的で少しずつの移行により、複雑な器官が生み出されるという主張に咬みついた批判もあった。レンズ、角膜、網膜を備えた眼のような複雑な器官が、一個の光感受性細胞からいったいどうやってゆっくりと進化できたというのか。

反対論者たちは、そもそも一個の光感受性細胞から出発したという考えをバカにした。完全な網膜になる前の網膜にどのような機能があったというのか。完成前に機能することなどできたのか。中間段階の器官が動物に益をもたらさないとしたら、自然淘汰が作用しうる競争上の利点などなかったのではないのか。ダーウィンの言う仕組みはいったん白紙に戻そう。そのような仕組みがゆっくりと進化させると本当に考えているのなら、中間的な実例は自然界のどこにあるというのか。半分しか翼のない鳥、半分しか見えない生きものなどいないではないか。

そうした反論に対してダーウィンは、ライエルが確約した、想像もできないほど膨大な地質学的時間を考えろと指摘した。ダーウィンに言わせれば、自分たちが生きる一九世紀など、両側に何百マイルも広がる巨大な時間軸の中のピンポイントにすぎなかった。半分の翼などの中間段階の器官を探しても見つからないことに驚くのは、本のページを適当に開き、そのページの一行中にｘの文字が見つからないことを理由に、ｘという文字はこの世に存在しないと宣言するのと同じだというのだ。

そしてダーウィンは、批判に答えるために再び犬を例に出す。ダーウィンには、岩石中に埋まっている進化の全容を反対論者に見せることができなかった。自然界で進行中の進化の例を示すこともできなかった。しかし犬のブリーダーにしても、現在の犬種が生み出された歴史を詳らかにすることができなかった。一八三七年から一八三八年にかけてつけていたノートＢには、すでに次のような想定問答があった。「反対論者はこう言うだろう。それら［中間種］を見せてみろと。それに対してはこう答えよう。ああいいよ、ブルドッグとグレーハウンドをつなぐすべての段階を見せてくれたらね」。

ダーウィンは、自著が提起する重大な疑問に対する批判者を満足させようと努力した。しかし『種の起源』の読者にとって、いちばん論争の的になる重大関心事は、ダーウィンが奇妙にも避けていた問題だった。それは、人間の起源についてはどうなのかという問題だった。

第４章　類似性

As Mr Leslie Stephen observes, ‘A dog frame a general concept of ca or sheep, and knows th corresponding words a well as a philosopher.’

レスリー・スティーヴン氏が観察しているように、「犬は猫や羊という一般的な概念を形成しており、哲学者並みに猫や羊に相当する言葉を知っている」。

（『人間の由来（第二版）』より）

ダーウィンの『種の起源』は、多くの人々の自然観を永遠に変えた。ダーウィンが語る自然はなおもすばらしいものではあったが、殺伐として暴力的でもあった。その書は一八五九年一一月の末に、緑色の装丁に金色の背文字、一四シリングの価格でジョン・マレー社から出版された。刷り部数は一二五〇部。出版人のマレーは、それで十分に需要をまかなえると踏んでいた。しかし出版時までに、予約部数がすでにそれを上回っていた。機を見るに敏なマレーは、すぐに動いた。クリスマスを越えた一月の寒い第一週に、（ダーウィンによる数カ所の修正を施した）第二版三〇〇〇部が出版された。ドイツ語訳の話もあった。かくして『種の起源』が物議を醸すことになった。

ロンドンの書評者たちは神経をいらだたせ、ダーウィンが周到に回避していた問題に飛びついた。人間が「生まれたのは昨日のことで、明日には滅ぶ」と、「アセニーアム」誌は書いた。すべての批判者が、では人間についてはどうなのだという疑問に取りつかれていたのだ。ケンブリッジ大学でダーウィンが地質学の教えを受けたアダム・セジウィックは、ダーウィンからの献本に応える手紙に、一部の記述への賞賛を示すと同時に、ほかの部分については残念だと伝えてきた。ダーウィン理論が正しいとしたら、「人間性がひどいことになって野蛮化し、人類は堕落してしまうと思います」と、セジウィックは書いていた。そして最後に、「猿の息子より」と署名してあった。

ダーウィンはしばらくのあいだ心乱されたものの、「種の問題」を扱った重い本の口直しとして、植物、モウセンゴケ、ランの研究に引きこもった。しかし、ダーウィンがヒスイランの受粉の仕組みに埋没する一方で、ロンドンの編集人たちは、『種の起源』に便乗しない手はないと思い始めていた。しかし大きな話題作りのためには、でかい話に切り込まねばならない。ちょうどそんな折、探検家のポール・ドゥ・シャイユが、暗黒大陸アフリカでのゴリラ狩りの話でロンドンの聴衆を驚愕させていた。記者たちにとって、話の持って行きようはそこしかなかった。尊厳が失われた人間は、ただの猿に成り下がったのだ。風刺雑誌は、ダーウィンの戯画を載せ始めた。チンパンジーのように背中を丸め、毛むくじゃらの猿の体と尻尾をもつ姿にダーウィンを描いたのだ。「パンチ」誌のライターは、ゴリラの詩を書いた。ロンドン中がそれを目にし、大笑いした。ダーウィンが『種の起源』で論じたことと、猿の話題が、大衆の中では完全にごちゃ混ぜになっていた。もはや嵐だった。人間は動物にすぎず、高貴な存在ではないとダーウィンは言っているという謂れのない主張を目にするたびに、ダーウィンは苦しんだ。それは、ダーウィンが周到に避けた主張だったというのに。

　ダーウィンは、自然淘汰説への賛同者を見つけてはうれしくなる一方で、世間の騒動は無視するようにしていた。ダウン村に隠棲し、離任した教区司祭が彼のもとに置いていいっ

たテリア犬のターターを連れて散歩に耽った。ダーウィン自身がその問題への公式の発言をすることはなかった。批判者退治は、信頼できる副官、王立鉱山学校の若き教授トマス・ハクスリーにもっぱら任せていたのだ。その間にダーウィンは、植物の実験を続けると同時に、『種の起源』を執筆する過程で集めていた裏付けを盛り込んだ本を上梓した。一八六八年に出版した、『飼育栽培下における動植物の変異』である。その第1章のタイトルがまさに「家畜化された犬と猫」だった。

ダーウィンは、二十年来の課題を一文で片づけてしまうという重大な問題に直面し、古き友人のチャールズ・ライエルに理解を求めた。第1章の原稿への意見を求めたところ、ライエルは、犬は複数の野生種から作られたとするダーウィンの意見に難色を示したのだ。それに対してダーウィンは、感謝とともに残念な気持ちを伝えた。「犬の章の脚注に関するすばらしい助言、ありがとうございました。しかし、ご指摘のように変更すると、とんでもなく厄介なことになります。私は、すべての犬種がほしいと思うことがよくあります。ときどきあなたがあちらの国の人のように思えて怖いです」。

ダーウィンはその間ずっと、人間の起源に関しては避けようとしていたのだが、世間はほうっておいてはくれなかった。教育ある人たちにまで、人間は類人猿に似た祖先から進化したという考えを否定されると腹が立った。一八七一年に出版した『人間の由来』の最

後で、その怒りを吐露している。「私はといえば、敵を痛めつけ、血みどろの生贄を捧げることに喜びを感じ、容赦なく子殺しをし、妻を奴隷のように扱い、礼儀をわきまえず、低俗な迷信にとりつかれている未開人の子孫であるよりは、飼育係の命を救うために恐ろしい敵に勇敢に立ち向かった英雄的な小猿（中略）の子孫であるほうがましである」。

一八六〇年代にアメリカが南北戦争に突入したことで、奴隷問題はさらに捻じれた。ダーウィンにとって奴隷問題は、人種問題の歪みの表れだった。そんなわけで、家畜と作物に関する本を仕上げたダーウィンは、ついに人間について書くことになった。それが『人間の由来』で、一八六〇年代後半に書き進めた。書名は『人間の由来』だったが、犬への言及が多い本となった。

六十歳を迎えたダーウィンは、いつものように例を集めたり手紙を書いたり、事実の確認を重ねながら、ゆっくりと仕事を進めた。子供たちも成長した。一章を仕上げるごとに、カンヌで休暇中のヘンリエッタに送り、意見を求めた。この本では、人間をほかの動物と並べて比較することで、人間性の問題に取り組むことになった。しかし、『種の起源』とは趣を異にすることになる。『種の起源』は二十年の準備期間の末に、言葉を選び、最後は創造の美しさを称える内省で終わっていた。『人間の由来』が扱うテーマはもっと大きかった。心とは何か、倫理の問題、そして性的魅力にまで及んでいるからだ。

人間は服を着た動物にすぎない。ヴィクトリア時代の読者にとって、進化の話ではこれがいちばん厄介な視点だった。この考え方は、敬虔な信徒、主教、牧師、一九世紀イギリスの会衆たちを困らせただけではなかった。多くの敬虔なナチュラリストや科学者をも不安にさせた。たとえばダーウィンのメンターでもあったチャールズ・ライエルは、友人が提唱した理論に興味を抱いたものの、自然淘汰による進化の理論を人間にまで拡張することに戸惑いを覚えていた。

問題は、人間は特別だということだった。特に、キリスト教が死後も不滅と教える魂のことがある。魂が論争の的になった。神からの賜物である魂は人間と神との特別な関係を象徴しており、敬虔な進化論者に大きな難題を投げかけたのだ。人間には魂があるが、ほかの動物にはないことを、どう説明すればよいのか。

ライエルは、人間には二つの部分があるにちがいないと考えた。動物としての体は進化の産物であることは受け入れることができた。しかし、それとは別の倫理と知性の部分は神が創造したものでなければならなかった。このような区別は、進化する自然界と創造された人間世界とのあいだに越えがたい大きな壁を復活させることになる。ライエルは、人間という種が生まれたときに第二の創造があり、神が人間に魂を吹き込んだという説を立てた。そう考えないことには、人間は神との特別なつながりを剝ぎ取られることになり、汚物の中を這いまわる動物にすぎないことになってしまう。それがライエルの考えだった。そう考えるのはライエルだけではなかった。

ダーウィンは、ライエルの気持ちに特に寄り添うことはなかった。「申し訳ありませんが、私には、人間の尊厳についての『慰め的な見解』はありません」と手紙で突き放したのだ。もはやダーウィンは、昔のように、そういう考えの表明を慎重にためらうことはなくなっていた。一八七〇年代になると、自説を公表すべきかどうか悶々としていた頃とは、社会の文化的状況が変わっていた。人間の由来について表明する時期が到来していたのだ。『人間の由来』は重大なテーマを扱った本だった。人間と動物とのあいだには越えがたい障壁があるのかという問題を扱っていたからだ。ここでもまたダーウィンは、人間は特別だという主張を崩す小さな証拠を山ほど集めた。相手を愛し、利他的に振る舞い、希望や計画を立てられるのは人間だけというのはほんとうだろうか。複雑な感情を抱いたり、抽象的な思考をしたり想像したりできるのは人間だけなのだろうか。ダーウィンに言わせれば、そうした人間〝特有〟の性質は、どれもみな動物でも観察できることだった。「私の目的は、人間と高等動物の心的能力に基本的な違いは存在しないことを示すことである」と『人間の由来』で書いている。そこでそれを証明するための事実を集めたのだ。

しかし、人間を猿に見立てるイメージは人々を悩ませ、論争に火をつけた。そうした状況に、ダーウィンは嘔吐、疼痛、頭痛、悪寒を発症した。特に高等な哺乳類が物事をことさら不安にさせることには何かがあった。そこでダーウィンは、ついに人間についての本を執筆するにあたり、ほかの種の例もたくさん引っ張ってきた。そして人間の行動と高等な動物の行動との比較でいちばんたくさんあげた例が、いつもそばにいた生きものである犬の例だった。

ダーウィンが選んだ第1章のタイトルは、「人間が下等な種類に由来する証拠」だった。ダーウィンは、人間はほかの生きものとまったく同じ意味での動物であることを読者に納得させるべく、第一部をその考えの検証にあてた。たとえば、人間の骨格は、犬のようなほかの哺乳類の骨格と大いに似ていると論じることで。それ以外には、人間は動物と同じ病気にかかるではないか、人間も、じつは犬のように耳を動かせるとも。

耳を動かせることは、重要な証拠の一つとなった。犬は、音の方向に耳を向けてよく聞き取ろうとするが、注意を払っているという信号としても使っている。大半の人にとっては、その能力はもはや必要とされていない。もしかしたらそれは、頭を動かしやすいせいかもしれないとダーウィンは述べている。話を聞いていることを示すために、人は顔をそっちに向けているからだ。

それでもごく少数だが、耳を動かせる人がいる。人間は神によって個別に特別に創造され、ほかの動物とは区別されたのだとしたら、人間の耳にそのような不要な特徴をわざわざもたせたのはなぜなのかと、ダーウィンは問いかけている。その説明は明らかだという。人間も犬も耳を動かせるとしたら、それは、耳を動かせた共通の祖先に由来しているという有力な証拠であるというのだ。

ダーウィンはなおも耳にこだわる。一部の人の耳の外耳軟骨にある小さな部位に関心をもった。胚、胎児、類人猿を調べた上で、それは耳の先端の痕跡であり、耳をピンと立てられる必要があったときの小さな名残だと結論した。人間の耳にあるひだと湾曲は、過去の動物の跡だというのである。

もっとも、ダーウィンの主たる関心事は、人間と動物の形態的な類似を調べることではなかった。人間だけにしかないと人々が思っている特質を並べ立てた上で、それらは犬のような〝下等な動物〟にもあるという証拠を見つけることだった。

手始めは幸福感だった。「幸福感をいちばんよく示すのは、人間の子供がそうであるように、子犬、子猫、子羊といった動物の子供である」。子犬、子羊、赤ん坊の話から始めることで、読者を思考実験に巻き込もうとしているのだ。人間は動物に由来することを真実として効果的に実感させるために、自分の経験を振り返り、自然界における自身の経験から考えてみてほしいと読者に訴えかけている。そうすれば、読者が引き出す結論は、ダ

ヘンリエッタ・ダーウィンとポリー

ーウィンが並べた議論や事実、経験に基づくものではなく、読者自身の経験に基づいていることになる。

利用したのは、誰もがおなじみの家畜である犬に関する読者の体験だった。猿という扇動的な汚名は後方に遠ざけたのだ。ヴィクトリア時代の道徳的な児童書で取り上げられていたアリやミツバチにも言及した。そのほか、動物界の建築家の象徴として好まれていたビーバー、市民生活を支えていた馬にも。穏やかな語り口で読者を招き入れておいたところで、よく知っていることを思い出してほしいと読者に求める。「誰もが知っているように」で始まる文章を多用し、牧歌的な調子で黙認と同意を読者に要求している。

ダーウィンの作戦は、幸福感を醸しておいてから、ただちに不興に移行するというものだ。「犬や馬の中には性格の悪いものもいる。（中略）そういう資質はまちがいなく遺伝的なものだ。誰もが知っているように、動物はとても怒りやすいし、それを隠そうとはしない」。この怒りは、人間とそれに近い哺乳類が強い感情を同じように感じていることの証拠だという。

動物の優しさについても考察している。「多くの動物が互いの危難や危機に同情していることはまちがいない。（中略）私自身が飼っていた犬は、とても仲の良い猫が病気になって籠の中で寝ているのを無視できず、通りかかるたびに舌で舐めてやっていた。これは、犬にも優しい感情がある確実な証である」。優しさは犬の感情世界が単純ではないことを教えていると、ダーウィンは論じている。人間との違いは程度の問題でしかないと。

『人間の由来』でとても感動的な箇所は、感傷的なヴィクトリア人の心をくすぐる話題、犬の忠誠心に言及している部分である。「犬が飼い主に愛情を寄せることはよく知られている。犬は、死の苦しみの中にあってさえ、飼い主の機嫌をとるとされている」。そして、エジンバラでの短い学生時代に嫌悪していた、動物の生体解剖の例を出している。「生体

テリア

解剖されていた犬が術者の手をなめたという話は誰でも聞いたことがある。解剖を行なっていたその人物は、その解剖が学問的知識を増やすということで完全に正当化されるか、石のような心の持ち主でない限り、死の間際まで自責の念にかられたはずである」（『人間の由来』）。

生体実験は物議を醸していた問題だった。生体実験とは、生きた動物への処置を意味するが、ダーウィンの時代にあっては、麻酔なしの動物実験を意味していた。実験動物は、咬んだり動いたりしないように縛り付けられる。その光景を見たダーウィンが嫌悪感を覚えたのも不思議ではない。それは彼に限ってのことではなかった。ヴィクトリア女王も動物実験に反対の立場で、一八二四年に創立された英国動物虐待防止協会に一八四〇年にロイヤル（国王認可）の冠

がついたのは、女王の支援と後援のおかげだった。

ダーウィンは、動物実験に不快感を覚えていたものの、生理学の発展には動物を用いた実験が必要だとも感じていた。ダーウィンはレイ・ランケスターに宛てた一八七一年三月の手紙に次のように書いていた。「動物実験に関する私の意見をお尋ねですね。生理学のほんとうの探求のためなら正当化できるという意見には同意します。しかし、憎悪すべき忌まわしい好奇心だけのための実験には反対です。考えるだけでも吐き気がするほどぞっとします。なのでそれについては、今夜は眠れなくなるという言葉以外にありません」。

ダーウィンは、吐き気とおぞましさを抱きながらも、動物虐待防止法一八七六の成立を支持し、専門委員選定のために召喚された。王立委員会の席では、動物虐待は「憎悪と嫌悪を受けるに値する」と発言した。実験に供する動物には麻酔を施し、殺す前に行なう実験は一度だけという、法案の節度ある条項に同意した。動物実験なしでの医学の発展はありえないとは思いつつも、動物には最高の処遇をすべしと力説していた。「私は生涯を通して動物の人道的扱いを訴えてきましたし、この義務を果たすために著述活動でできることをしてきました」と、スウェーデン研究者からの意見表明要請に応えた一八八一年四月の手紙に書いた。そうした著述活動の中でも、『人間の由来』が、人間と動物の扱いを同等にせよというもっとも強力な証言だった。人間と動物は深淵によって隔てられた世界ではなく、地続きだというのだ。

ダーウィンがあげている例は、ときに、自分の犬で発見したうれしさの表れだけだったりする。「犬は、単なる遊びとは別に、ユーモアのセンスと言ってよい感情を見せる。短い棒のようなものを犬に投げると、それをくわえて少しだけ遠ざかり、地面に座り込むということをよくする。そして、飼い主が棒を取り返すために近寄って来るのをそこで待つのだ。飼い主が近づくと勝ったようにまた走って逃げ、同じことを繰り返す。明らかにこれは、ふざけて楽しんでいるのだ」。

そのように棒をくわえて行ったり来たり走り回る犬の頭の中で起きていることがわかるというダーウィンの主張を退ける人もいるだろう。しかしダーウィンは、そのような限定条件はつけなかった。その犬が飼い主をからかってふざけているのは明白だったからだ。読者としてわれわれは、そこに認識力の兆しを感じる。実例を重ねて紹介しているのは、身の回りでそういうことを観察しているなら、人間と動物は共通の起源があることを受け入れるべきだということを納得させるためなのだ。

犬にはユーモアのセンスがあるというダーウィンの考えを、人間の資質を人間以外の動物に付与する擬人主義として退けることもできる。犬は口がきけないのだから、犬が何をしているかを知ることなどできないというわけだ。ところがダーウィンにすれば、ろうあ者がするように、犬が人間の言葉を聞き、それを理解して対応するのを観察することは可能だった。ダーウィンには、言葉を話せないことは、動物と人間との本質的な共通性を考える上での深刻な障害とは思えなかったのだ。「祖先の共有」とは、『種の起源』の第2章冒頭に登場する言葉である。動物と人間は一つの共同体であり、どこかに共通の祖先がいるのだ。

言葉を話せないことは、自分の犬と関係を結ぶことの障害にもなっていなかった。ダーウィンは、科学的な観察として動物の感情について論じていたのだ。しかし、彼が自分の家畜と優しく楽しく接していたことも確かである。ダーウィン家が休暇に犬を伴うことはなかった。息子のフランシスは、後年、父について次のように語っている。

父は、休暇を終えて帰宅するのが楽しみだった。愛犬のポリーの歓迎ぶりがうれしかったのだ。ポリーは、興奮してやんちゃになり、ハーハーキーキーと騒ぎ、部屋中を走り回り、椅子に飛び乗ったり飛び降りたりした。父はしゃがみ込み、顔をポリーの顔にくっつけ、ポリーに舐めさせ、とっておきの優しい声で話しかけた。

（フランシス・ダーウィン「父の日常生活の思い出」より）

ダーウィンにとっては常に犬がいちばんのお気に入りだったのだが、娘のペットに対しても父親は寛容だったというヘンリエッタの回想を、フランシスが紹介している。

父は、私たちのしたいことや関心をいつも気にかけてくれ、そんな父親はめったにいないような接し方で私たちといっしょに生きてくれた。（中略）猫には特別な愛着はなかったが、私が飼っていたたくさんの猫の名前と個性を覚えていて、それらの猫が死んだ後何年たってからでも、特徴的な子の習性と性格について話すことがあった。

（フランシス・ダーウィン「父の日常生活の思い出」より）

ダーウィンは、個別の存在、それ自体の「個性」として、個々の動物を見ていたのだ。ヘンリエッタの注目すべき猫たちのことを誉めていたダーウィンのことだから、猫に魂はありますかと問えば、ほかの生きものと同じく、猫にも魂はあるよと答えたのではないだろうか。

ダーウィンは想像力についても論じている。想像力は人間特有の能力であり、ほかの動物にはないとされていた。しかしダーウィンに言わせると、イメージや憶測をつなぎ合わせて新しい結果を作り出す心の作用が想像力だというならば、夢を見ることはまちがいな

く想像力の証しであるはずなのだ。「犬、猫、馬などすべての高等動物、鳥でさえもが、鮮明な夢を見る。それは、睡眠時の体の動きや発声を見ればわかる。なので、彼らもある程度の想像力を備えていると認めるべきだ」（『人間の由来』より）。

ダーウィンは、ベルギーの天文学者でジャーナリストのジャン・シャルル・ウーゾーの『動物の心的能力』（一八七二）を参照し、『人間の由来』第二版では、犬の夜中の遠吠えに注目した。「犬が夜中、それも特に月夜に、注目すべき物悲しい声で遠吠えする背景には何か特別なことがあるにちがいない。すべての犬がそうするわけではない。ウーゾーによれば、そのとき犬は月を見ているわけではなく、地平近くのぼわっとした場所を見ているのだという。それについてウーゾーは、犬は周囲の物体のあいまいな輪郭に想像力を乱され、そこに奇妙なイメージを思い浮かべているのだと解釈している。そうだとしたら、そのときの犬の感情は迷信に近いものと言ってよいかもしれない」。

犬が不可解な自然の力を前にして「迷信」を創り出したというダーウィンのこの説明には、呼び水となるものがあった。ヴィクトリア時代初期の人類学者たちは、宗教心は原始人が地震や嵐、洪水といった不思議な出来事に直面する中で生まれたと考えていた。人類学者に言わせると、人間にはそのような「原因のない」出来事に「原因」があることを恐れる傾向があったというのだ。ダーウィンがこの文脈で「迷信」という言葉を使ったのは大胆な発言だった。下等な動物にも原始的な宗教心と同様のものがあると言うに等しいところまで踏み込んでしまっているからだ。

ダーウィンは、論点をまとめている。

これで、人間と高等動物、それも特に霊長類はいくつかの本能を共有していることを示せたと思う。いずれもみな同じ感覚、直観、知覚を備えている。似たような情熱、愛情、情動、さらにはもっと複雑な嫉妬心、疑心、羨望、謝意、雅量まで。動物も嘘をつくし、復讐心もある。冷やかしがわかるときもあるし、ユーモアのセンスまであ

る。不思議さや好奇心もわかる。模倣、敬意、熟慮、選択、記憶、創造、アイデアの連合、理性といった人間と同じ能力を、程度の大きな違いこそあれ、備えている。（中略）それなのに多くの著者は、人間はその心的能力において、下等動物とは越えがたい溝で隔てられていると主張してきた。（『人間の由来』第二版より）

ダーウィンはなおも満足せず、さらに論を進めた。動物の感情的、知的生活に切り込み、議論の終盤へと取りかかっている。

革新的な改良ができるのは人間だけ

だと言われてきた。道具や火を使用したり、他の動物を家畜化したり、財産を所有したりするのも。他の動物には、抽象化する能力、一般的概念を形成する能力がなく、自意識も自己を認識することもできない。言語を操る動物はいない。人間だけは、美意識があり、気まぐれに左右され、感謝の念や好奇心などを抱き、神を信じ、良心を授けられていると。

（『人間の由来』第二版より）

ダーウィンは、人間は特別だとする重要な前提に踏み込んでいた。そして次の節では、それらの前提にも取り組んでいる。

ダーウィンが切り込んだのは、当時の読者にとってはとんでもないと思えるはずの領域だった。その最たるものは、抽象的な思考と自意識が動物にもあるという考えだった。これまでずっと、抽象的思考は、人間の独自性を支える要石のようなものと見なされていた。ところがダーウィンは、散歩の途中で犬が別の犬に出合ったときのことを持ち出している。

一匹の犬が遠くから別の犬を見ているとき、その犬は、あれは犬だと抽象的な意味で認識していることは往々にして明白である。なぜなら相手との距離が縮まると、相手の犬が知り合いの場合は態度が一変するからだ。

（『人間の由来』第二版より）

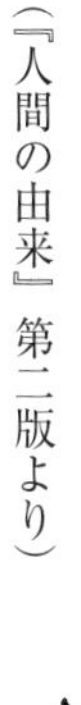

ダーウィンが言うように、その犬はまず〝犬〟の抽象的な概念を認識してからそれを切り替えているのだとしたら、犬も人間と同じことをしていることになる。

そのような場合においては、動物と人間とでは心的な活動が全く同じ性質のものではないと考えるのは、まったくの憶測でしかない。どちらの場合も心的概念を形成することで認識しているせいだとしたら、人間も動物も同じことをしていることになる。

（『人間の由来』第二版より）

そしてダーウィンは、テリア犬のポリーの例を出す。

私のテリア犬に強い口調で「おい、おい。そいつはどこ?」と急かすと（この実験は何度も繰り返した）、彼女はすぐにそれを狩りの獲物がいるというサインと受け取り、最初に周囲を素早く見渡してから、いちばん近い藪に飛び込んで獲物がいないか臭いをかごうとする。しかし何も見つからないと、リスを捜して近くの木を見上げる。彼女のこの一連の行動は、発見すべき動物、狩るべき動物がいるという一般的な考えなり概念を頭に抱いたことにならないだろうか。

（『人間の由来』第二版より）

ダーウィンが力説したかったのは、犬は賢いコンパニオンだということだけではなかった。人間だけが特別だというのは神話であり、祖先は卑しい動物だったという事実を自ら慰めるためのお話だと証明したいのだ。すべての要点は、人間とそれより下等な動物は互いにきわめて近い存在であるという主張なのである。その矛先は、道具製作と財産所有にも及んでいる。チンパンジーやゾウも道具を使用するという例を紹介しているのだ。財産の所有権という概念を抱いているのは人間だけという考えはどうか。ダーウィン曰く、「この考えは、骨をくわえているすべての犬が共有している」。もう、苦笑するしかない。

ダーウィンがことのほか関心を寄せていたのは、動物の行動を「道徳的」と呼べるかどうかだった。ヴィクトリア時代の常識では、動物は本能のままに行動し、人間は慎重に行動するとされていた。しかしダーウィンから見れば、完全に本能に基づいて行動する動物と熟慮の末に道徳的に行動する人間という二分法の境い目はグレーゾーンだった。仲間を危険から救いたいという本能と、危険に身をさらしたくないという願望とのあいだで、明らかに二つの選択肢を秤にかけて行動できる犬もいるように思えたのだ。

ダーウィンは、異なる本能のあいだで、どちらに従うべきかという判断に葛藤する犬の

ブラッドハウンド

話を紹介している。「ノウサギを見て追いかけた犬が、飼い主に叱られて立ち止まり、追跡を再開するか飼い主の元にすごすごと戻るか躊躇するときがそうだ。あるいは、雌犬が子犬への愛情と飼い主への愛情とのあいだで躊躇し、こそこそと子犬に駆け寄るとき、飼い主に従わなかったことを少し恥じているかのように見える場合がそうだ」。犬が、二つの異なる決断のどちらかを選べる場合、二つの選択肢があることを理解していると したら、危険なほうの行動を選択することは道徳的な行動と言えないだろうか。

ダーウィンはこの点を確認した上で、別の視点からの攻撃をしかける。見知らぬ人が溺れているのを助けるために水に飛び込んだ人の例を出しているのだ。たしかにわれわれには、その状況に反射的に行動する人を高く評価する傾向がある。その人は、飛び込む前に事の良し悪しを秤にかけるべきではなかったし、その状況でなすべきことをただちに理解したのだ。しかしこれは、犬がしているとされていることそのままではないか。「ニューファンドランド犬が溺れた子供を自ら引っ張り上げるとき、猿が仲間を助けようとして危険に立ち向かうときやみなしごの子猿の世話を引き受けるとき、その行為を道徳的と言うだろうか」(『人間の由来』第二版より)。ここでまたしても大好きな動物界に味方して、犬には「良心のようなもの」があると結論している。

動物には道徳観念もあると結論したダーウィンは、自意識と言語の問題に話を進めた。今日に至っても、動物の自意識問題は難物である。科学者によっては、「自己認識」という表現を推す人もいる。そのほうが、自分の存在に気付いていることの、少しばかり単純な表記になるからだ。しかし、長年にわたって動物を観察していたダーウィンにためらいはなかった。もちろん、動物が死後の世界や不滅の魂を気にしたり、「生とは何か、死とは何かなど」と悩んでいないことに異論はないことは認めていた。

すばらしい記憶力と、夢を見ることで示される想像力をもつ老犬が、過去の狩りで味わった喜びや苦痛を思い出すことはないと確言できるものだろうか。それこそが、ある種の自意識である。

（『人間の由来』第二版より）

ダーウィンは、この論証については確言を避けることにした。思考実験を提案するだけで、そんなことは決してないと、どうしたら確信できるのかという問いを投げかけるだけだった。そして話を切り替え、人間とそれより下等な動物との「大きな区分けの一つ」である言語の問題に進んでいる。ダーウィンの定義によれば、言語は自意識よりも問題の範囲が広いという。言語は、動物の心の中の表明であり、ほかの動物が表明することの理解をもたらすからだ。

犬は、人間が話しかけることをまちがいなく理解している。「誰もが知っているように、犬はたくさんの単語と文章を理解している」。したがって人間とそれより下等な動物は、話し言葉の意味を理解できるかどうかでは区別できない。ダーウィンに言わせれば、犬は「生後一〇カ月から一二カ月」の赤ん坊のようなものだという。「単語や短い文章はたくさん理解しているが、一言も発せない」状態に相当するというのだ。

しかし犬は、コミュニケーションのやり取りはできる。犬が吠えているのはまさにそれだという。

> 獲物の追跡中のような一生懸命な吠え声、唸り声と同じ怒りの吠え声、締め出されたときなどの失意のキャンキャン声、夜中の唸り声、飼い主と散歩に出発するときなどの歓びの吠え声、ドアを開けてほしいときなどの要求、嘆願の吠え声などがある。
>
> （『人間の由来』第二版より）

ダーウィンは、『人間の由来』の百ページ以上を費やして、犬など「人間より下等な動物」を論じており、魅力的で考えさせられる例が満載されている。しかし、ダーウィンの書きっぷりからして、今に至ってさえ読者にショックを与え続けている一節が、『人間の由来』にはある。宗教心の発達という問題に一石を投じる目的で、動物の話に立ち返り、自然現象の原因について動物はどう考えているのかを論じている箇所である。ヴィクトリア時代の読者がそれをどう受け止めていたのかは図りがたい。

ダーウィンにとって、それはキリスト教の神の信仰だけの問題ではなかった。「目に見えない霊的な力の作用」として定義される宗教の問題なのだ。ダーウィンは、同時代の人

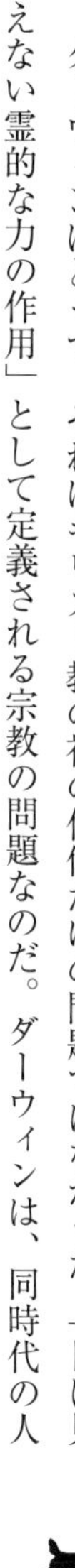

類学者E・B・タイラーの、超自然的な存在を信じることは、もともとは夢を見る中でもたらされたのかもしれないという意見に従っていた。それで人間は、自然物に宿る霊魂の存在を信じるようになったのかもしれないというのだ。しかしダーウィンは、それよりも「早い未開段階」の存在も信じていた。それは、人が力や動きのあるものに、人間のそれと似た命、意図、心的な力を付与したがるようになった段階である。

ダーウィンは、ビーグル号の航海で目撃した「未開人」と動物を結び付けた。

成長し敏感な私の犬が、暑くて風のない日には芝の上に寝そべっていた。少し離れた場所では、広げて置かれていた日傘が、弱い風によってときおり揺れていた。日傘のそばに人が立っていたとしたら、犬はまったく気にしなかったはずくらいの揺れである。しかし誰もいなかったため、日傘が揺れるたびに、その犬はひどく唸って吠えた。犬は、原因がなさそうな動きは得体の知れない生きものの力が介在している証拠であり、自分の縄張り内に誰も立ち入る権利はないと、それと意識することなしにただちに推理したにちがいないのではないか。

（『人間の由来』より）

ダーウィンにしてみれば、その犬が日傘に抱いた恐怖と遠い過去の人間が宗教心を発達させたことを同列に語ることが格別の一歩に思えたのだ。彼は一歩を踏み出した。犬が日傘に吠えるのは、「得体の知れない生きものの力」によって動かされたと考えるからである。「霊的な力を信じること」は、「一つあるいは複数の神の存在を信じること」へとたやすく通じる。「未開人」ではそれが起こった。ダーウィンは、自分の犬が日傘に吠えるのを見て、神を信じる心はいかにして生じうるかを理解できたとも言える。暑くてけだるい夏の日にイギリスの芝の上でこの考えを思いついたというお行儀のよさがなければ、この提案がもっと激しい抵抗に迎えられたことは想像に難くない。

宗教心はきわめて複雑な感情であり、愛情、神秘的で高貴な優越者への絶対的帰依、強い依存心、恐怖、尊敬、感謝の念、未来への希望、そのほかの要素を含んでいる。知的能力と道徳的能力がある程度のレベルに達しないことには、これほど複雑な情動を経験することはできなかったことだろう。それでも、犬が飼い主に寄せる深い愛情に、完全なる服従、いくらかの恐怖心、それともしかしたら他の感情を併せ持つことに、宗教心が芽生える状態へとつながる途が見つかる。

（『人間の由来』より）

ダーウィンは、類似のしかたは「わずか」と言いつつも、それは存在すると信じていた。

宗教的な信心は犬が飼い主に抱く愛情のようなものだというのだ。説明が足りないならと、識者の意見まで持ち出している。「ブラウバッハ教授は、犬は飼い主を神だと思っているとまで言っている」。そして第3章の要約では、もっとも未開な人間ともっとも高等な動物との距離は「きわめて遠い」と認めつつも、「その違いは実際のところ大きいものの、それは程度の問題であって質の問題ではない」と付け加えている。この裏の意味は、神を信じる人間は、飼い主を仰ぎ見る犬と似ていなくもないということだった。

ダーウィンが『人間の由来』で成し遂げたことについてはたくさんの見方が可能だった、一つの評価としては、自然淘汰説の威力を論じるという点では、『人間の由来』は『種の起源』を薄めた本である。別の評価としては、それは人間性のすべてを論じた本であり、まさしくアメリカの南北戦争を背景として書かれた人種と奴隷についての本である。ただ、前半の部分を読むと特に感じることだが、この本はじつは、人間はペットよりことさら優れているわけではないと論じた本なのだよという執拗なささやき声を無視するのは難しい。いや、そんなことはないという意見もあるかもしれない。もしかしたら、最低に見積もってもペットと人間は同程度だというのが、ダーウィンの論考のもっともうまいまとめ方かもしれない。

『人間の由来』は、飼い犬に対するダーウィンの愛情を遺憾なく示し、新たなファンを獲得した。下調べの過程で、ダーウィンはディアハウンド犬のブリーダー、ジョージ・カップルと知り合った。出版後には、新聞にドッグショーの評論を書いているヒュー・ダルジールと手紙を交換するようになった。

宗教心に関する憶測的な見解満載の本だというのに、旧友からのうれしいファンレターも届いた。ダウン村の前教区司祭ジョン・ブロディー・イネスからの手紙である。スコットランドに住むイネスは、『人間の由来』を楽しく読んだが、転向はさせられなかったと書いていた。「私は、人の祖先は人という古い信念にしがみついています」というのだ。

イネスはダウン村の教区司祭を長年務めた人で、英国国教会の聖職者としてオーソドックスな宗教観の持ち主だった。イネスは神が世界を創造したと信じ、ダーウィンとは異なる意見の持ち主だったが、二人はずっと温かい友情を育んでいた。ダーウィンの著作は神を認めないものではあったが、実質的には教区のかなり有力な会衆メンバーであり、地元の五つの日曜学校や、貯蓄組合であるダウン石炭・衣料組合の運営を支援し、多額の寄付をしていたのだ。ダーウィンは、イネスが在職中だった頃、村内に彼の住まいを見つけようと何年も努力したほか、教会のためにまともな（「夜中に女の子と出歩かない……」）牧師補を捜した。オルガン修理の手配までしていた。

二人には個人的な交友もあった。イネスが歯痛で苦しんだときには、鎮痛剤のアルニカチンキを送った。ダーウィンはミツバチの参考書を送り、イネスはお返しに鳩に関する情報を提供した。小麦がオート麦から育った話、ヒキガエルが石の中から出現したこと、アカシカと交配した牛の話、地衣類は「陸のフジツボ」、「心霊叩音」の話などをイネスはダーウィンに報告したが、ダーウィンは否定的だった。ダーウィンの息子ジョージがケンブリッジ大学の優等生になったとき、イネスはお祝いの手紙を送った。

それ以上にこの二人は、犬でつながっていた。イネスは「さまざまな動物とペット」を飼っていたと、ダーウィンの手紙にある。『飼育栽培下における動植物の変異』を読んだイネスは、ダーウィンの議論を裏付けるポインターの例を報告した。『人間の由来』を読んだときは、ダーウィンの議論に合致するブロディー家の犬の話を報告した。イネス家がスコットランドに引っ越したときは、ダーウィンがイネス家の犬ターターとクイズを引き取り、ダウンハウスで飼うことになった。

ダーウィンはそのことについて、「クイズをいただけるとはうれしい限りです。大切に世話をし、ぜったいに手放しません。年老いて安らかにこの世を去る日まで」と書き送った。輸送に関してたくさんの手紙が交わされた。ようやくにしてクイズが到着すると、まるでイネス家の子供を預かっているかのように子細な報告をした。「クイズは昨夜、無事に元気で（咳をしていますが）到着したことを、謹んで報告します。クイズは家の周りをうれしそうに走り回り、猫も含めて人間全員にとても礼儀正しくしています」。

進化論者であるダーウィンと、神による天地創造を信じるジョン・イネスは、良き友になれた。「あなたと私は意見の相違をめぐって口論することがありませんでした。ひとえに、こちらの短気に対するあなたの寛容さのおかげです」と、イネスは一八七一年の手紙に書いていた。

ネズミの出現を待つイヌ

イネスは常に、ダーウィンの理論には納得できないと明言していたのだが、それについて二人がぶつからなかったのはプライドの問題だった。「私は類人猿が大嫌いです」と、イネスは『人間の由来』を読了した直後に出した一八七一年五月の手紙で書いている。「しかし、子供のときは小さなオマキザルが大好きでした。なので、祖先にするならオマキザルのほうがいいです。私の要望を好意的に受け取ってください」。そして手紙の最後を、「祖先としてはオマキザルよりは犬のほうがましだと考えています」と、陽気に締めくくった。

それに対してダーウィンも、犬好きどうしならではの返事を書いた。「犬がマトンチョップを盗んだ興味深い話、ありがとうございます。犬はほんとにいいですよね。誰からも愛される価値があります。たとえマトンチョップを盗んだとしても」。ダーウィンの本に関する批判的な箇所は、そっけなく慇懃に素通りされた。意見の不一致がどうであれ、この二人は一事で同意していたのだ。かつてイネスがダーウィンに書き送ったように、「みんながダーウィンとブロディー・イネスのような関係なら、万事うまくゆくはずです！」

第5章　答

Animals whom we have made our slaves we do not like to consider our equal.

奴隷にした動物を、自分たちと同等だとは
思いたがらないものだ。　　（ノートBより）

ダーウィンは『人間の由来』を出版した後の最後の十年を、ときおりは訪問者を迎え（キュー植物園園長になっていたジェゼフ・フッカーは大歓迎だった）、実験と執筆、出版を続けながら、自宅で平穏に過ごした。温室でいろいろな研究を進めていたが、庭のミミズを研究するようになると、いささか変人めいてきた。息子のフランシスも実験に巻き込み、振動や音に対するミミズの反応を調べるために、ミミズに向かってファゴットの演奏までさせた。

晩年の健康状態は良くなかった。それでも、食虫植物、植物の交雑、そして件のミミズに関する重要な本をなんとか仕上げることになった。一八七四年には、フランシスがエイミー・ラックと結婚し、その二年後、ダウンハウスで最初の孫が生まれた。しかし、好事魔多し。エイミーがそのお産で亡くなってしまった。夫のフランシスはひどく落胆し、それ以後、フランシスと息子のバーナードはダウン村で暮らすようになった。フランシスは父親の研究を手伝うようになり、少しは悲しみを紛らすことができた。チャールズとエマは、息子とかわいい孫をそばで優しく見守った。

バーナードは長じてゴルフライターになった。子供時代の思い出を綴った文章に、一人でゴルフをするエピソードがある。「ゴルフの試合に参加しているつもりで一人で遊ぶ簡単な方法」だったという。想像上のゴルフ仲間に典型的なダーウィン方式で名前を付けて

アイリッシュ・ウルフハウンド

いたことも明かしている。「選手の名前は、家や親戚が飼っている犬、猫、馬の名前を拝借し、それに接頭辞や接尾辞を付して発明していた。今でもその名前の多くを思い出せる」。

エマは、子供たちに犬のニュースを手紙で頻繁に知らせていた。それは、ビーグル号に乗っていたダーウィンに姉妹が送った手紙を思い起こさせる。エマ・ダーウィンは、肉親の一員として犬に接するという一家の伝統を続けていたのだ。ある年の春、ボブが病気になった。エマはヘンリエッタに逐次手紙で知らせた。「可哀そうなボビーは今日になって少し回復し、ちょっとだけ食べました。頭を枕に乗せてコートをかぶって寝ている姿は、まるで人間みたいです。話しかけると、尻尾のあたりのコートが少しだけ動きます」。

エマはペットの扱いについても子供たちに助言の手紙を書いた。長男のウィリアムが入手した子犬がなかなか落ち付かないことに対して、「気の毒な子犬もじきになつくといいですね。オッター〔前からいる別の犬〕とはいっしょに寝かさないように」と、義理の娘宛に書き送っている。エマとチャールズは、息子のジョージの犬で、言うことを聞かないペパーの里親探しを何度もした。ペパーには庭師を咬む悪い癖があったのだ。エマは、最後は処分されるしかないのではと心配だった。「ペパーには困りものです。小さな体に灯っている歓びの火を消さなければならないなんて悲しいことです」。ペパーの死刑執行は猶予された。レスリー・スティーヴンの家から帰された後、カンタベリー大主教のもとで暮らすことになったのだ。

手紙にもっともよく登場したのは、かつてはヘンリエッタの犬だったテリア犬のポリーである。ポリーの際立った個性にエマは魅せられていた。「こんなにきちんとした犬はほかにいません。ポリーは、私たちがランチに行くときは、夕飯を待つためにマットの上に座ります。私たちが夕食を始めようとするときは、ストーブ近くの椅子に置いたひざ掛けの上にいます」。お産で子犬を亡くした後のポリーはフランシスに執着するようになった。「ポリーは、フランシスのことをとても大きな子犬と思い込んでしまったみたい。彼の上で寝そべられるときは必ず乗っかって、彼の手をしつこいほどなめ続けています」。ダーウィンはポリーを猫かわいがりし、鼻の上に乗せたビスケットを投げ上げてキャッチする芸を教えた。ポリーも、ダーウィンが書斎で静かに仕事をしているあいだ、じっと座っていた。

しかし一八八二年の春、ダーウィンの体調が悪化した。四月の半ばには、家族が最悪の事態を覚悟するまでに衰弱した。ヘンリエッタは父の最期を詳細に記録した。その中に、ダーウィンが死を迎える最後の瞬間に回心し神の加護を求めたという記述はない。そのような主張はまったくのデマである。ダーウィンは苦痛にあえいだ末に、エマの腕の中で一八日の夕方に息を引き取った。

翌朝、孫のバーナードとその父フランシスは庭を散歩し、野生の「マムシアルム」を摘んだと、バーナードは回想している。しかし、村の教会墓地の兄エラズマスの隣に埋葬したいという家族の希望はかなえられなかった。「エラズの横で静かに眠らせてあげられないことに、私たちはみんな心を痛めています」とエマは語っていた。ダーウィンの擁護者たちが、ウェストミンスター会堂に埋葬する手はずを整えてしまったのだ。ダーウィンの最愛の犬ポリーは、ダーウィンの死の翌日に息を引き取り、庭のリンゴの木の下に埋められた。

ダーウィンは、自然淘汰による変化を伴う由来という自説が完全に受け入れられる前にこの世を去った。傑出した科学者の中にまで、ダーウィンの主張は未だに証明されていないと感じる者がいたのだ。ダーウィン自身は、『種の起源』の後の版に、自然淘汰は進化的変化をもたらす唯一の仕組みであるという考えへのお墨付きを加えた。なので、今もしダーウィンがこの世に戻ったとしたら、ぜひとも答が知りたい重要な質問が山ほどあるはずだ。大英自然史博物館のダーウィン・ウィング〔棟〕や彼が通ったケンブリッジ大学クライスツカレッジに出向けば、質問、異論、見通しで頭がいっぱいになることだろう。

なにしろ、かの有名な『種の起源』には、手持ちの知識には欠落があることを嘆く表現が頻出しているからである。彼が自覚していた欠落のうちのどのくらいが埋められたかを、ぜひとも知りたいはずなのだ。特に知りたがるのは、アフリカで見つかっている二百万年前の、人間にいちばん近い祖先の化石のことかもしれない。今では、人類の祖先が立ち上がって二足歩行し、道具を製作し、言葉を話すようになった歴史の全容をほぼ語ることができる。ダーウィンの関心事を知った今、ダーウィンが喜んで知りたがるのは、犬の進化に関する最新情報だろう。

犬はいかにして家畜化されたのかという問題に、ダーウィンは取りつかれていた。なにしろ、われわれがペットにしている犬が野生にはいないのだ。それ以前の多くのナチュラリスト同様、ダーウィンも犬は人間が野生の祖先を飼いならしたものだと信じていた。その家畜化は、はるか昔のことだったはずである。一九世紀の考古学者は、新石器時代と青銅器時代の遺跡から、人間の骨の近くに犬の骨が埋められているのを発見していた。それらの犬は、ぜんぜんオオカミっぽくはなかった。オオカミよりも小さいし、飼い犬に特徴的な子犬っぽい「顔」なのだ。オオカミの鼻面はとがっているが、それらの犬はちがっていた。

それに加えて、およそ四千年か五千年前までには、多くの明確な犬種が確認されていたというのが、ダーウィンの見立てだった。古代バビロニアの遺跡からは、石板に掘られた、マスティフに似た番犬の大きなレリーフが見つかっていた。古代エジプトの墓の壁画には、長い脚に鋭い眼をもつグレーハウンドに似た猟犬が描かれていた。ローマ時代には、最初の愛玩犬とターンスピット［肉を丸焼きにするための回し車を回すための小型犬］が登場し、冷えた手を温めたり、回転式ロースターを回していた。それらの犬は家畜化されたものだとしたら、家畜化されたのは何千年も前のことで、それ以来ほぼ同じ品種を維持していたことになる。では、そもそもどこで家畜化されたのか。

考えた末にダーウィンが出した結論は、犬の祖先は複数の異なる種だったというものだった。ブルマスティフから小型のスパニエルまですべての犬種を見れば、そのすべてがた

だ一つの野生種から作出されたにしては違いが大きすぎるではないか。異なる犬種の異なる特徴は、さまざまな異なる野生種とそれらの交雑によって作出されたものにちがいないと、ダーウィンは考えていた。「世界の家畜犬は、オオカミの二種（カニス・ルプス［オオカミ］とカニス・ラトランス［コヨーテ］）、それ以外のオオカミの疑わしい二、三種（すなわちヨーロッパ、インド、北アメリカの種類）、南アメリカのイヌ属の少なくとも一種か二種、ジャッカルのいくつかの品種か種、それとおそらく一種か複数の絶滅種に由来している可能性が高い」と、『飼育栽培下における動植物の変異』で、まるで料理のレシピのようにダーウィンは書いていた。

ダーウィンの手元には、犬の祖先に関する仮説しかなかった。遺伝学もなければ、DNAなるものも知られていなかったからだ。ヴィクトリア時代には、個体がその特質や形質を次の世代に受け渡す仕組みはまだわかっていなかったのだ。現在は遺伝の仕組みがわかっているし、研究室でDNAを調べることもできる。ここ二十年ほどで、個体や種からDNAを抽出して比較することが簡単にできるようになった。そのおかげで、犬のゲノム、すなわち全DNAを解析し、それをオオカミやコヨーテのゲノムと比較することで、互いの類縁関係を調べられるようになった。

そのような比較を行なうことで、二種類の動物グループが分岐してからの進化的な時間を推定することも可能である。その結果、イヌ科の進化的な類縁関係を表す系統樹が作られてきた。それは、ダーウィンが一八三八年に描いた枝分かれの図によく似た樹状図である。

現在の分類では、チワワからグレート・デーンに至る家畜イヌも、オオカミ、ディンゴ、ドール、キツネなどと同じ、食肉目イヌ科の一員である。犬、キツネ、オオカミがクマや大型猫類といった食肉目のほかのグループから分かれたのは、およそ五千万年前のことである。このことから、イヌ科はかなり古い系統ということになり、その中の多くの種が過去に絶滅している。イヌ科に属す種は、現在、三五種程度で、いずれもかなり最近、一二〇〇万～一五〇〇万年前の爆発的な進化が起こった時期に進化した種類である。そのうちの一種はオオカミや犬の遠く離れた親戚で、ダーウィンがビーグル号の航海で発見した「ゾロ」である。その種はチリ沖のチロエ島にだけ生息しており、発見者にちなんでダーウィンギツネと呼ばれている。

現在、世界中の多くの研究者が犬のゲノムを研究している。世界で最初にゲノムの一部が解読されたのはシャドーという名のプードルで、二〇〇三年のことだった。偶然ではないのだが、シャドーの飼い主はゲノム解析で財を成したクレイグ・ヴェンターであり、ヴェンター自身、全ＤＮＡが解読された最初の人間である。シャドーは、なんと一万八四七

プードル

三個の遺伝子を人間と共有していた。ちなみに人間の遺伝子数は、二万四五六七個である。したがって犬と人間は、遺伝子レベルではかなり共通していることになる（犬とその飼い主はよく似ている場合が多いと思いたい人たちには、ニンマリの事実かもしれない）。

その後、二〇〇五年にはターシャという名のボクサー犬のゲノムが世界で初めて完全に解読された。これは重要なことだった。なぜなら、遺伝子はＤＮＡの中で機能を有している配列だが、ゲノム中には機能をもたないジャンクＤＮＡという不要な繰り返し配列も含まれているからだ。「ジャンクＤＮＡ」という名からして研究対象としては価値がないように聞こえるかもしれないが、じつはその逆である。進化的な類縁関係を調べるには、遺伝子よりも価値のある情報をもたらす場合もあるからだ。機能を失ったジャンクな配列に、過去の貴重な記録が残されていたりするのだ。ちょうど、こぎれいな台所より、古い書類が乱雑に放り込まれている屋根裏部屋のほうが、一族の歴史を雄弁に語ってくれるようなものだ。

では、この新しい分析技術により、犬の祖先についてどのようなことがわかったのだろう。ＤＮＡの解析により、犬とオオカミはきわめて近縁なことが判明したと聞けば、ダーウィンは自分の考えが証明されたと喜ぶことだろう。犬とオオカミのゲノムの平均的な違いは、およそ一パーセントだった。その次に近いコヨーテと犬との違いは七・五パーセントなので、とても近いと言えるだろう。

しかしだからといって、犬は飼いならされたオオカミにすぎないということではない。アメリカのドッグトレーナーの中には同意しない人もいるかもしれないが（アメリカでは今でも犬はオオカミの変種として分類されている）、犬は「オオカミに似た祖先」から作られたという言い方のほうが正確なのだ。オオカミが犬にいちばん近い生きている親戚であることはまちがいないのだが、それ以上ではないということだ。犬が家畜化され、人間といっしょに暮らすようになったことで、オオカミに似たその祖先は死に絶えたのだろう。

犬ゲノムの研究では、興味深い発見がもう一つあった。犬のＤＮＡは四つの大きなグル

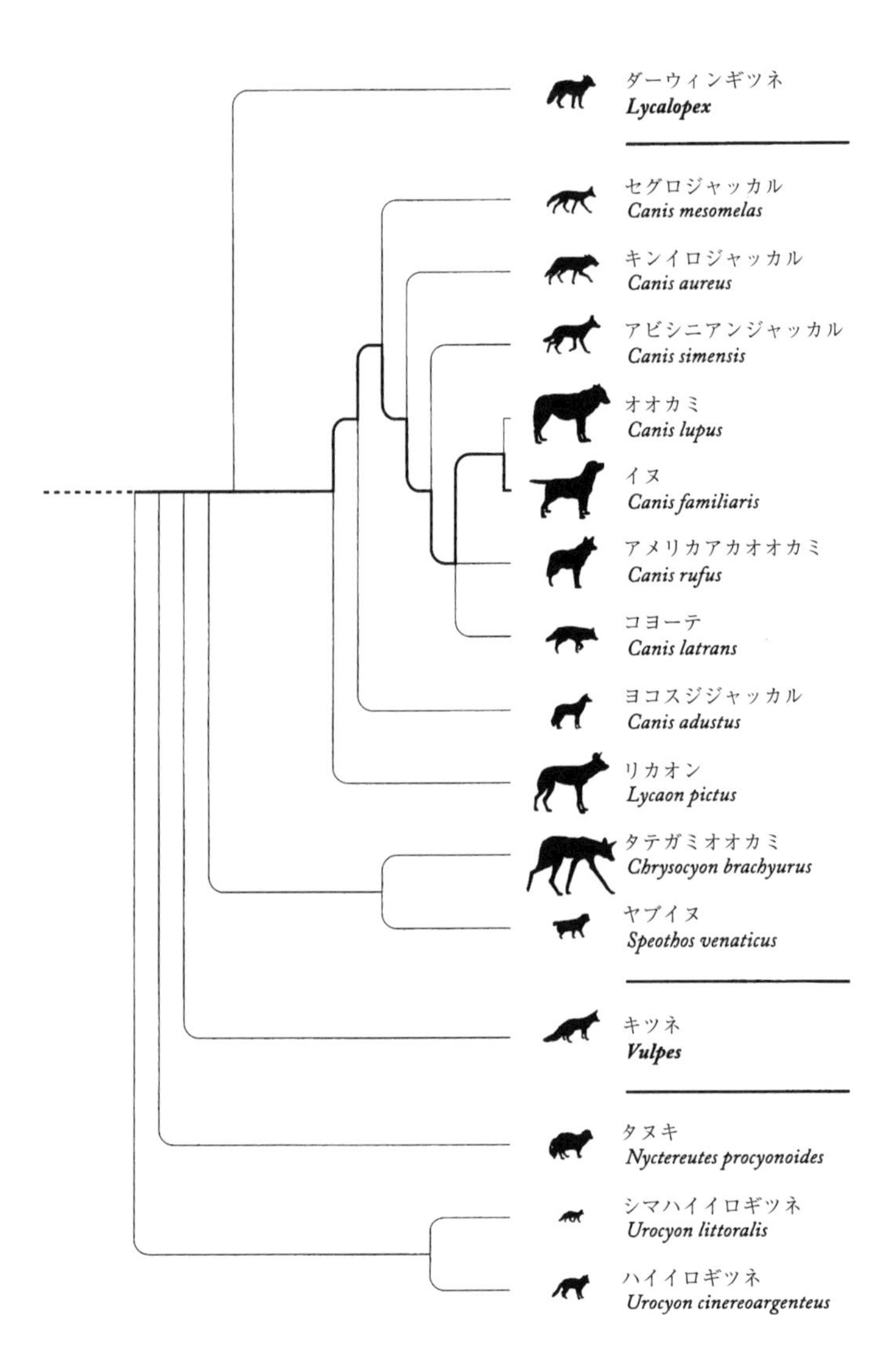
ダーウィンギツネ
Lycalopex
セグロジャッカル
Canis mesomelas
キンイロジャッカル
Canis aureus
アビシニアンジャッカル
Canis simensis
オオカミ
Canis lupus
イヌ
Canis familiaris
アメリカアカオオカミ
Canis rufus
コヨーテ
Canis latrans
ヨコスジジャッカル
Canis adustus
リカオン
Lycaon pictus
タテガミオオカミ
Chrysocyon brachyurus
ヤブイヌ
Speothos venaticus
キツネ
Vulpes
タヌキ
Nyctereutes procyonoides
シマハイイロギツネ
Urocyon littoralis
ハイイロギツネ
Urocyon cinereoargenteus

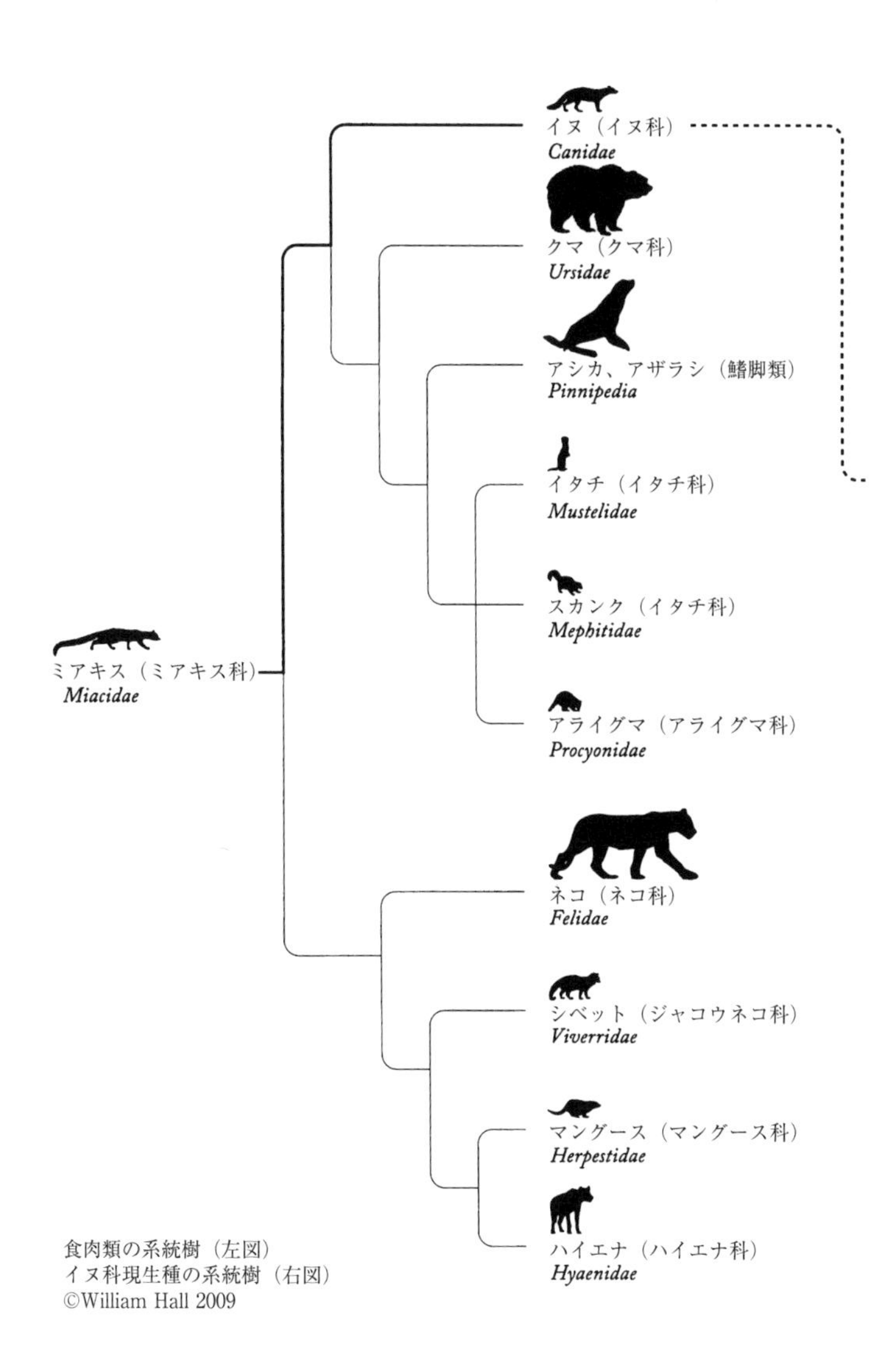

食肉類の系統樹（左図）
イヌ科現生種の系統樹（右図）
©William Hall 2009

ープに分けられる上に、いずれのグループも一つの祖先に由来していたのだ。四つのグループは、それぞれ「家畜化」が起こった一回ごとに対応していた。つまり、オオカミに似た野生の祖先種からの犬の家畜化は複数回、おそらくは全部で数回あったことになる。DNA情報からは、野生の祖先種の最初の飼いならしは、今から一万年前だったことがわかる。つまり、人類が飼いならしたイヌ科動物の独自の品種を所有し、もはや野生種からの育種をしなくなったのは、村落を作って定住するはるか前、まだ狩猟採集生活をしていた時代だったことになる。

ただしこの、石器時代のペット飼育という筋書きに対しては、オオカミや犬の行動の専門家からの異議がある。彼らは、遺伝的な証拠がどうであれ、先史時代の人間はどうやってオオカミの子犬を手なずけ、共同体の有用な一員にしたのか知りたいと言うのだ。オオカミは、食物に貪欲で所有欲が強い。なので、飼いならしたオオカミは、狩りを助けるよりも邪魔をする傾向が強かったはずだ。それに加えて、オオカミは優秀な番犬ではない。オオカミは、巣を荒らされると、警報を発しないまま逃げてしまうからだ。なのに、オオカミ似の祖先の家畜化はどうやって実現したのかというのだ。

ここで、ダーウィンが最初に導入した、自然淘汰と人為選抜の区別が重要となった。人類は、野生のオオカミ似の子犬を飼って育て、好ましい性質をもった個体を選び出すことで少しずつ改良していったのではないか。つまり人為選抜をしたのだろう。

　しかし、最初の犬が自然淘汰によってより従順になったのだとしたらどうだろう。オオカミ似の祖先は、人間の共同体には喜んで迎え入れられなかった。単に、キャンプの周辺にいることが黙認されていただけだった。四百年前の遺跡からは、人間の居住地と関連してオオカミの骨が見つかっている。おそらくそれらのオオカミは、人間の共同体の周辺で暮らし、ゴミ捨て場を漁っていたことで、平均的なオオカミの群れよりも人間になれていたのだろう。そのオオカミ似の祖先がより従順で寛容になればなるほど、人間が捨てたゴミや狩猟の残り物を得やすくなったはずである。人間の存在におびえにくくなるほど、人間が接近するたびに逃げてエネルギーを消耗することも減ったことだろう。その結果、そういう個体は生き残って繁殖する機会が増えていったのではないか。

　オオカミ似の祖先は、最初は完全に人間の共同体に取り込まれることなく、その近くで暮らすようになったのだとしたら、家畜化は二段階を経たことになる。第一段階では、オオカミ似の祖先が人間のそばで暮らし始め、ゴミを漁るようになった。第二段階では、オオカミ似の祖先が飼いならされ始め、周辺部で生きるのではなく、人間の共同体内で世話をされるようになった。今は、犬の専門家の大半が、この二段階のようなことが実際に起きて犬の家畜化が実現したというシナリオに同意している。

この物語には、興味深い証拠をもう一つ加えることができる。一九四〇年代後半に、ロシア（当時はソ連）の科学者ドミトリー・ベリャーエフが、毛皮用の育てやすいシルバーフォックスを作る研究を開始した。

ベリャーエフは、人に従順なキツネを選抜して何世代も交配した。八世代ほどで、人間に対してずいぶん寛容で社会的なキツネが得られ始めた。ところが予想外の結果も出始めた。人になれたキツネは、毛皮が白いまだら模様、垂れ耳、巻き尾、小さめの頭骨という特徴を帯びてきたのだ。野生的で攻撃的だったもとの狐は、飼いならされることでどんどん「犬的」になっていったのだ。

ベリャーエフの研究は、従順さから垂れ耳まですべての形質が「遺伝的連鎖」によって関連していることを教えている。つまりそれらの形質は一蓮托生なのだ。「遺伝的連鎖」は犬に限ったものではない。連鎖したそれらの遺伝子は、遺伝学の全領域で、いっしょに遺伝することがわかっている。染色体の似たような部位に位置しているからだ。

ブリーダーは、一つの形質を選抜することで、意図せずにほかのすべての形質も結果的に獲得できる。より従順で人間活動に寛容なオオカミ似の動物を自然淘汰が選択するとしたら、遺伝的連鎖により、その動物の見かけが犬っぽくなることはありうる。言い換えるなら、ブリーダーは、垂れ耳でまだら模様の犬ならば、かつて考えられていた以上にたやすく得られたということだ。しかも、それはひとえに偶然の賜物として。

ここまで読んできた読者は、犬はどのようにして進化したのかというオタクっぽい疑問にこんなにも多くの時間を費やすことを、科学者はどう正当化してきたのか不思議に思うかもしれない。しかしこの研究には有用な用途がたくさんある。なかでも重要な発見は、人間と犬のゲノムには多くの類似点があることだ。この偶然の符合は、医学にとって有益となる。

犬も人間も、DNAに欠陥が生じる遺伝病にかかりやすい。犬には三五〇種類以上の遺伝疾患があり、そのすべてが純血種ほど起こりやすい。しかもその多くは人間でも共通している。近年、純血種は近親交配の度合いが高いことが問題になってきている。その結果、BBC（英国放送協会）は二〇〇九年に、イギリスで毎年開かれる世界最大規模のドッグショー、クラフツの地上波テレビでの放映を中止するという、異論を呼んだ決定を下した。とはいえ、近親交配によって純血種が被る弊害には、有用な面も少なくとも一つはある。近親交配が進んだ純血種は、遺伝病がどのようにして生じるのかを調べる効果的な方法を提供してくれているのだ。

ミニチュア・シュナウザーの進行性網膜委縮症からグレーハウンドの股関節形成不全症まで、純血種は遺伝病に悩まされやすい上に、癌や糖尿病といった遺伝的要素の強い病気

にもかかりやすい。筋肉が萎縮する難病ＡＬＳ（筋萎縮性側索硬化症）など一部の病気は、ジャーマン・シェパード・ドッグと人間で同じ遺伝子を原因としてまったく同じ症状を呈する。人間で生じる遺伝性の恐ろしい神経難病であるバッテン病には、チベタン・テリアも冒される。ドーベルマンは、睡眠障害であるナルコレプシーを発症しやすい。その症状をもつ犬は、パンと手を叩く音で眠ったように力が抜けてしまう。

人間のゲノムはきわめて変異が大きく、ある病気の原因を一個の遺伝子や遺伝子群と特定するのに恐ろしいほどの時間を要する場合が多い。そのため、人間の遺伝病の研究には障害が多い。それに比べると、近親交配を重ねてきた犬の純血種は、びっくりするくらい小さな「遺伝子源（プール）」からなっている。犬の遺伝病が近親交配で頻出するということは、その病気の原因となる少数の遺伝子、場合によっては一個の遺伝子を速やかに特定できることを意味している。それと慢性病についても、純血種が、家系をたどってその発症源を突き止める格好の情報源となる。

そういうわけで、犬のゲノム情報は人間の遺伝病を解決する糸口を提供してくれる。治療法はもちろん、原因遺伝子の保有者かどうかを調べる検査法の開発にも役立つ。そしてうまくゆけば、将来的には犬の健康管理にも役立つ。

＊　＊　＊

今、犬類の進化に関しては、ダーウィンが一九世紀半ばに初めて提唱した構図がはっきり見えてきた。では、ダーウィンが『人間の由来』で推し進めた考えを、現代の科学はどう判断するのか。ここまで見てきたように、ダーウィンはその書の中で、動物の頭の中に関して多くの主張をしていた。しかし、犬には愛情がある、想像力をはたらかせている、とりわけ動物にもユーモアのセンスがあるというダーウィンの主張への同意は可能なのだろうか。

二〇世紀のあいだ、犬についてダーウィンが描いた構図はほとんど無視されていた。その間、動物行動に関する「行動主義」と称する理論が幅をきかせていたからだ。その主張は、人間は自身の経験からの推論に基づいて行動している動物にすぎないというものだった。動物に意識や記憶はないし、愛着を抱くこともない。行動主義者に言わせると、動物は単なる複雑な機械であり、本能に従って行動しているだけだというのだ。

言い換えるなら、飼い主を見上げる犬の感情について発言したダーウィンは、正当化できない仮定をしていたということになる。ダーウィンはそんなことをしてはいけなかったと、行動主義者は主張した。それは「擬人主義」だ、感情を自分で説明できない動物に人

間の思考や感情を付与してはいけない。動物が考えていることや感じていることに関する十分な情報がない以上、そういうことについて何かを仮定すべきではないというのである。

行動主義の全盛時から事態は変わった。しかしそれは、今なお多くの動物行動学者にとっては唯一容認できる立場だ。それが、不当な妄信に頼らない唯一の厳密な研究手法であるというのだ。動物の心の中を検証することはできないではないか。そんなことは実験では無視すべきだというのだ。

しかし、擬人主義も使い方しだいである。犬は忠実である「かのように」事を進めることはできる。日常的な動物の処遇では、まさにそうしているではないか。赤ちゃんと犬を同じ部屋にいっしょにいさせるとき、犬は「忠実」だからだいじょうぶと考えるか、焼きもちを焼きそうだからやめておこうと判断するとき、それはまさに擬人主義である。われわれは、犬が自分たちを愛している「かのように」振る舞ったり、キジを全力で追いかける犬はキジという概念をもっている「かのように」対応しているではないか。

動物の行動を研究するナチュラリストの中には、行動主義者の主張には誤信が混じっていると考える者も少数ながら常にいた。その中から、動物の行動を独自の文脈で研究するエソロジストの動きが出てきた。有名なチンパンジー研究者ジェーン・グドールもその一人である。グドールにとっては、動物も人間と同じような情動を経験することに微塵の疑いもない。それはまさにダーウィンの主張と同じである。

しかし、ダーウィンの著作を読んで気付くことがあるとしたら、ダーウィンは証拠を信じていたということだ。

証拠を集めて篩い分け、わがものとした上で検証するという方法を信じていたのだ。犬は忠実な動物であるかのように行動しているという言い方では十分ではない。それを検証する必要がある。そこで、動物の行動を研究する今日の研究者の多く、特に霊長類学者は、高等な哺乳類の複雑な心的活動に関する検証可能な仮説を立てることに余念がない。ドロシー・チェニーとロバート・サイファースはヒヒの形而上学を研究しているし、フランス・ドゥ・ヴァールはチンパンジーの道徳的行動を研究している。オックスフォード大学の動物行動学者マリアン・スタンプ・ドーキンス教授は、家禽の生活における感情的側面に関心をもってさえいる。

成長を続けるこの分野は、「認知心理学」と呼ばれている。その研究目的は、犬のように賢い哺乳類の「心的状態」を調べることにある。犬の頭の中の世界をマッピングしようというのだ。犬の記憶や問題解決能力を調べるのだ。そして、犬の飼い主たちがペットに関して主張していることの大半が、実際に正しいとわかり始めている。

認知心理学者から見ると、動物は感情を経験しており、自意識の手段を備えていると考

えたダーウィンの主張は正しいと考える理由が多数存在する。とりわけ重要なのは、感情と自意識には適応的な機能があるにちがいないということだ。たとえば、単純な自意識があれば、身の回りで起こっていることの原因に関して判断し、どう反応すべきかの決定ができる。もっと複雑な自意識があれば、サルはほかのサルに見えていることを有利な視点から予想して、研究者には「いたずら」に見える行為を実行できる。

犬にはユーモアのセンスがあるというダーウィンの主張を証明するような実験まで試みられている。ロバート・ミッチェルとニコラス・トムソンという動物心理学者は、犬と人間のだます行為を調べる試験を計画した。ダーウィンは、犬が走って人間に向かってきて、衝突しそうになる最後の瞬間に方向を変えるという話を『人間の由来』で紹介しているが、それに相当する試験を設定したのだ。くわえていたボールを離し、人間が手を伸ばしてそれを取ろうとする瞬間に犬がひったくる行動も検討した。すると犬は実際に喜んでそういう行動をとった。じつに九二パーセントの犬がそれを実行したのだ。

だまし行動は、それができる犬にとっては特に重要な意味があることがわかる。犬は相手の意識を想像して、相手の意識が選択する行動に関する単純な予測ができることを意味しているからだ。新しい認知心理学の立場は、動物にも信頼、ユーモア、だましといった複雑な心的状態が存在しうると考えている。

そこで、犬はどうやって作られたのかを考える上で重要なのが、人間と犬とのあいだの信頼関係である。おおよそ一万五千年前、人類は、野生の犬類の祖先に残飯漁りを許すことから一歩踏み出し、子犬を引き取って炉端で育てることにした。あるとき、それはいつでもいいのだが、子犬を食べることはやめにした。大きな理由は、犬が価値ある存在になったからだ。石器時代中期以降、飼い主のそばに犬を埋葬するようになった。生涯の友を死後にも伴い、未知の旅で待つ未知の危難に備えようというのだ。

やがて犬を飼い主の願望によって作り変えるようになった。しかしそこには、意図せぬ作用もはたらいていた。いちばん好ましい子犬がいちばん大切にされた。必ずしも強かったり足が速かったりというわけではなかった。顔が可愛いというだけでもよかった。

犬の進化には、人間の意図だけでなく無意識の作用も関与した。人が犬に愛情を感じるのは、犬も愛してくれていると感じるからだ。しかし、それは犬に愛されていると人に感じさせる犬に最大の生存繁殖の機会を与えるような選択圧が作用した結果だという懐疑論も多い。人は、いちばん愛されていると感じさせる犬を猫かわいがりし、保護し、食べさせ、寒さや危険から守ってきた結果だというのだ。

そんな皮肉な見方もあるが、たいていの人は、自分のために飼い犬を愛している。われわれの生活に従順に収まっている犬が大好きだ。雨で濡れてしまうからという理由で散歩

古いタイプのイングリッシュ・セターとレトリーバー
——ブラッドハウンドとの交雑種

をはしょっても、ふつうはあまり気にしない。泣いていると顔を舐めてくれる。なんでそんなことをさせられるのかちっともわかっていないにもかかわらず、じっとポーズをとって写真を撮らせてくれる。そんな犬が大好きなのだ。

人は、心の底では、犬は少しだけ人間みたいだと考えている。擬人化しているのだ。よそに預けられると犬はふさぎ込むとか、旅行のための荷づくりをしていると、犬は不安げになる。人はそんな話をする。犬が横になって眠っているときに、ぴくっとしたり、クンクンしたり、ウーウーいったりするのは、夢を見ているからだと信じている。

こんなことがどうしたらわかるというのかと、お堅い科学者の中でもさらにかたくなな科学者は問うかもしれない。しかし私は自分の直感を信じるしかない。それ以外の証明のしかたがわからずに証明して見せろと、どうしたら言えるのかと、犬の飼い主なら言うだろう。まあ、どちらにしても勝者はいない。両者とも逆の立場で孤軍奮闘するしかないだろう。はたして犬は愛情を抱いたり、夢を見たり、ジョークを楽しんだりしているのかどうか、十分に満足のゆく答を誰も持ち合わせてはいないのだから。ただ、科学はそうした疑問を検証する方法を見つけ始めている。ダーウィンがそれを知ったら、大喜びするはずだ。いずれの日にか、われわれのペットが何を考えているのかを正確に知ることができる日が来るかもしれないと思うと、わくわくすると同時に奇妙な感慨にとらわれてしまう。

それはともかく、こうした論争の行きつく先はいつも同じではある。動物も人間みたいなのだろうか、そんなことはないのか。ダーウィンは常に、動物も人間みたいだと言いたがっていた。動物も、人間と同じように幸せ、悲しみ、落胆、喜びを感じていると言い続けていた。人間と動物との違いがあるとしたら、それは程度問題であり、中身ではないと。動物も論理的な判断ができるが、人間と同じとは言えないというのだ。動物も考えて計画を立てられるし愛せるが、人間のようにくどくどとこだわっているわけではない。ようするに根源的なところで、人も動物であり、たいしてちがわないというのが、愛犬に学んだダーウィンの意見だった。

チャールズ・ダーウィンは、類まれな観察眼を備えたナチュラリストであり、周囲への関心を常に怠らなかった。しかも生涯にわたって愛犬に熱い愛情を注いでいた。高等動物を扱った最後の著書『人間と動物の感情表現』(一八七二)には、ほぼ最初から最後まで、最愛のテリア犬ポリーが登場している。

ダーウィンがその書を書いた意図は、人間の感情表現は動物のコミュニケーションで認められる表現と本質的に共通していることの証明だった。それは、人間と動物は、しょせん同じ穴のムジナだと言っているに等しい。ダーウィンは、すべての生きものに適用可能な論証を構築しようとしていた。しかし、『人間と動物の感情表現』は、彼の著書の中では多くの点でいちばん個人的な作品である。彼が生涯をともにしたコンパニオン動物をこれほど詳細に登場させた著作はない。この本には、ポリーが「私のテリア犬」という表現でたびたび言及されている。ポリーに匹敵するくらい登場するのは自身の子供たちである。自分の子供の最初の笑い顔を、「歓喜、高揚、愛」と題した章で叙述しているのだ。

『人間と動物の感情表現』は、生涯にわたって犬を飼い続けたダーウィンの経験の記録とも言える。多くはポリーの例ということになってはいるが、自分がそれまでに飼ったすべてのペットでおなじみの行動の記録である。個々のペットで観察した個々の行動が、動物の進化という大きな構図の中でそれぞれ意味をもっていたのだ。ダーウィンにとって、ライフワークを支える上で欠かせなかったのが犬だった。犬が、動物はいかに適応してきたかを教えてくれた。犬の家畜化の歴史が、種はいかにして形成されるかという疑問をもたらした。そしてなによりも、人間と動物界との深いつながりを、毎日のように思い知らせてくれたのだ。

本書で論じてきた犬のうちでその画像が残されているのはボブとポリーのわずか二頭だけというのは残念なことだ。最初にボブが写っている写真を披露した。ならば最後はテリア犬のポリーで締めくくることにしよう。ポリーは、その銅版画が『人間と動物の感情表現』に掲載されることで不滅の存在となった。片足を持ち上げ、首を少し傾げて耳を立て

た小さなテリア犬がポリーだ。何かに興味をもって注視している姿である。この図版は写真を基にしたものだが、オリジナルの写真は残っていない。

ダーウィンは『人間と動物の感情表現』の中でポリーを例にしているが、それは生涯にわたる犬との付き合いを踏まえた記述なのだ。

どの種類の犬も、獲物に狙いを定めてゆっくりと近づく際には、前脚の一本を折り曲げて持ち上げた状態を長く保ち、次なる慎重な一歩を踏み出す準備をすることが多い。これは、ポインターに特徴的なポーズである。注意力が喚起された際には、習性により、いつもまったく同じ姿勢をとるのだ。

ダーウィンは、それぞれの犬は独自の個性や衝動を備えているという印象と、それが種としてどう機能しているのかという興味との比較検討を生涯にわたって行なった。そして、犬に関する考えはときに錯綜したものの、何が犬にそうさせたのかという優しい気持ちを忘れることはなかった。ポリーに関する描写の優しさは、十代にして初めて家を離れてエジンバラの地に赴いたときに家族と交わした手紙を思い起こさせる。そういうわけで、『人間と動物の感情表現』に載せたポリーの肖像にさりげなく付された、「テーブルの上の猫を注視する小型犬」というキャプションだけからではポリーに対するダーウィンの深い思いは伝わらないものの、本書の読者は最後に思わず微笑まずにいられないはずだ。

謝辞

本書があるのは、最初はインペリアルカレッジで、続いてケンブリッジ大学で通算して四年間教えを受けたジム・セコードのおかげである。私がこのテーマに関心をもったのは、ダーウィンと育種家に関する彼の論文がきっかけだった。それだけでなく、私を教えてくれた四年間とそれ以後も、とても熱心に私を励ましてくれた。彼には、言葉では尽くせないほどの恩義がある。

本書のアイデアは、二〇〇六年に私がダーウィンについて教えてきたサマースクールで繰り返し口にしていたジョークとして生まれた。ダーウィンについて、視点が少し異なる考え方を面白がってくれた受講生たちにお礼を言うべきだろう。ダーレン・ナイシュ、キャサリン・ホール、マーク・コッカー、スティーヴン・モス、ドミニク・ポールトー・ダリエット、アンドレア・シュアート、ジュリー・ホイールライト、ジム・ギル、デイヴィッド・ロバーツ、アンドリュー・ダルキン、ジム・エンダースビー、レナ・コーナー、ティム・ルイス、ビル・タッキー、ケイト・バート、ジョー・フェルドマン、パメラ・ネヴィル・シングトン、ヨーガン・ウルフ、スー・セドン、クリスティナ・ハリソン、ジョン・ニコル、アンドリュー・ダン、ニッキ・デイヴィスのみなさんは、私のアイデアを発展させる上で、さまざまな助力をしてくださった。それと、一九九四年から現在に至る私の教え子たち、キュー植物園の友人たちにもお礼を言いたい。特にキュー植物園のマーク・ネスビット博士からは、適切な助言をいただいた。

カレン・タウンゼンド、ロバート・イーグルストーン、ゲイル・ヴァインズには、草稿を詳しくチェックしてくれたことにお礼を言いたい。オックスフォード大学動物行動研究グループのトリストラム・ワイアット博士からは、重要な指摘をしてもらった。ダーウィン書簡プロジェクト、ジョン・ヴァン・ワイエス博士のダーウィン・オンライン、ロンドン図書館とケンブリッジ大学図書館の司書の方々には、資料の閲覧で貴重な助力をいただいた。

ウィリアムは、本書の最初で最後の読者であり、彼がいなければ本書は日の目を見なかっただろう。タウザー、ジェイソン、ブルー、マディー、ベス、マジック、オークレー、フラッシュ、スプドー、ハリー、ローラ、キー、ウルフィー、バーニー、タララ、クッキードリー、ホイッスル、ビュー、クラッカー、キャッシュ、スプーキー、ミスター・ミーズ、そしてそれらの飼い主に愛をこめて本書を捧げる。

訳者あとがき――犬たらしの天才ダーウィン

進化理論の祖チャールズ・ロバート・ダーウィンは、大の犬好きだった。ビーグル号の航海に出ていた五年間と帰国後のわずかな年数を除いて、ダーウィンは常に犬を友としていた。本書『ダーウィンが愛した犬たち――進化論を支えた陰の主役』が生まれた所以である。

本書の原題はきわめて直截な Darwin's Dogs（ダーウィンの愛犬）で、サブタイトルは How Darwin's pets helped form a world-changing theory of evolution（ダーウィンのペットは世界を変えた進化理論の形成をどのように助けたか）。

著者のエマ・タウンゼンドは一九六九年イギリス生まれのサイエンスライターである。ケンブリッジ大学キングスカレッジで歴史学を学び、インペリアルカレッジ（ロンドン）の修士課程で科学史を専攻し、ケンブリッジ大学の博士課程に進んだが、音楽活動にシフトするため中退した。

エマの父親は、伝説的なロックバンド「ザ・フー」のメンバー、ピート・タウンゼンド（タウンゼントの表記もある）であり、十代の頃から父親のアルバムのバックコーラスなども務めていた。一九九八年には自身のアルバム Winterland をリリースしている。九九年には、テレビ映画 The Magical Legend of the Leprechauns の主題歌 We Can Fly Away を歌って注目を浴びた。

大学院中退後は社会人講座などの講師を務める傍ら、新聞や雑誌に記事を書くようになった。現在、音楽活動はしておらず、ガーデニングなどに関する記事を新聞などに寄稿している（そのため、ご本人はガーデニングライターを名乗ってもいる）。

本書を書くことになったきっかけは、「謝辞」にもあるように、サマースクールでのダーウィン講座で、「ダーウィンの愛犬の視点でダーウィンの話が書けたらおもしろいだろうね」というジョークだったようである。嘘から出たまことというべきか、自身の妊娠も重なって難渋した末、ダーウィン生誕二〇〇年、『種の起源』出版一五〇年にあたる二〇〇九年に、本書は日の目を見た。

ダーウィンが進化理論に思い至ったのは、ガラパゴス諸島のフィンチ類やゾウガメに出合ったのが大きかったとよく言われる。しかし、それらの生きものは、自然淘汰説の援護射撃では重要な役割を演じたが、真の主役は、ダーウィンがいちばん長く付き合った犬たちだった。それが、著者の発想の源だった。

本書でも紹介されているように、ダーウィンは、友人や家族の犬の愛情を横取りする名人でもあった。豊臣秀吉や坂本龍馬を「人たらしの天才」と呼んだ司馬遼太郎に倣うなら、ダーウィンは「犬たらしの天才」だったと言えるだろう。

ダーウィンが一八五九年一一月二四日に出版した『種の起源』は、一晩で世界を変えてしまった。キリスト教を基盤とした西欧社会の価値観を一変させることになったからだ。

しかし、そうした予備知識をもって『種の起源』をひもとくと、「えっ」と驚くかもしれない。

なぜなら、冒頭から「種とは何か」と論じているのかと思いきや、第1章のタイトルは「飼育栽培下における変異」であり、「長年にわたって飼育栽培されてきた植物や動物において、同じ種類の変種や亜変種に属する個体を見比べてみよう。そのときにまず気付く点は、野生状態にある同一種や同一変種の個体間に見られる変異よりも、飼育栽培されている変種や亜変種の個体どうしのほうが一般に変異がはるかに大きいということだろう」と説き起こしているからである。

これではまるで育種学の本ではないか。「種の進化」の話ではなかったのか。

著者タウンゼンドに言わせると、これはダーウィンの周到な策略だという。天地創造説をひっくり返す革命的な書を野に放つにあたり、ビクトリア時代の人々にとって身近な存在である、家畜や家禽、野菜や作物の話から入ることで、警戒心を解こうとしたというのである。

そういうわけで、『種の起源』第1章の主役は飼い鳩である。日本では伝書鳩とドバトのイメージしかないが、当時のイギリスでは観賞用鳩の品種改良が盛んで、ダーウィン自身も自ら鳩を飼い、紳士階級と労働者階級の愛鳩クラブ二つに入会して情報交換をしていた。

観賞用鳩のさまざまな品種が、野生種であるカワラバト一種から驚くほど短時間で作出されたという事実をもってして、選抜育種の威力のほどを示そうというのだ。人間が短時間でできることなら、時間はたっぷりある自然淘汰の潜在力や推して知るべしというのだ。

テントに鼻を入れさせてやったラクダにテントを乗っ取られる故事よろしく、読者の懐にするりと入りこんで少しずつ意識革命を達成する作戦というわけである。

ダーウィンは、鳩以外にもさまざまな飼育動物の品種改良に関する情報収集に怠りなかった。そのなかで特に精力的に集めていたのが、犬種の維持改良に関する情報だった。

ダーウィン少年が博物学に目覚めたのは愛犬のおかげだった。彼は犬との交流を通じて自然に目覚め、観察の大切さを学んだのだ。一時は、父親から、「犬と猟ばかりに夢中になって」とあきれられるほどのめり込んだ。

自然淘汰説を思いつくにあたっても、犬のブリーダーたちから情報を集め、人間による品種改良と自然による淘汰を関連付けたのだ。

『種の起源』に人類進化の話は登場しない。言及はただ一カ所のみである。

遠い将来を見通すと、さらにはるかに重要な研究分野が開けているのが見える。心理学は新たな基盤の上に築かれることになるだろう。それは、個々の心理的能力や可能性は少しずつ必然的に獲得されたとされる基盤である。やがて人間の起源とその歴史についても光が当てられることだろう。

（『種の起源』第14章より）

しかしダーウィンは、人類進化に関する証拠も着実に収集していた。そこで満を持して一八七一年に出版したのが『人間の由来』と、七二年の『人間と動物の感情表現』だった。『人間の由来』にも、人間のルーツも他の動物と同じであることを論じるために、動物それも特に犬の例が頻出している。『人間の由来』は、当初二巻として出版されたが、一八七四年には大幅に改編されて一巻本として出版された。本書でも同書からの引用が多数なされているが、第二版を典拠にしている。そこで訳書では、初版にはなく第二版のみにある文章については、出典を第二版と明記した。

『人間と動物の感情表現』は、人間と動物の表情やしぐさの共通性を扱っており、心理学と動物行動学の原典とも言われている。このテーマに関するダーウィンの関心は、第一子ウィリアムの赤ん坊時代の観察に始まっている。

折しもその二年前から、ロンドン動物学会の動物園にオランウータンの子供ジェニーが展示されて人気を博していた。ダーウィンは動物園に足しげく通い、ジェニーとウィリアムが見せるしぐさの共通点を探ったのだ。

『人間と動物の感情表現』の陰の主役は、ダーウィンが最後に飼っていたテリア犬ポリーである。最初は娘ヘンリエッタの犬だったのだが、一八七一年に結婚して家を出たのを機に、ダーウィンと相思相愛の仲になった。

ポリーは、ダーウィンが仕事中は書斎の暖炉前に置かれたバスケットの中にうずくまり、日課の散歩のときは楽しげに付き従った。一八八二年四月一九日、ダーウィンがダウンの自宅で息をひきとると、ポリーは見るからに落胆し、その翌日、主人の後を追ったという。

ポリーが死んだのはダーウィンの死の数日後という説もあるが、妻エマの日記には、四月二〇日の欄に、「ポリーが死んだ」とある。

ここに掲げた図は、ダーウィンが亡くなって間もなく撮られた写真をもとに作成された、主亡き後の書斎の様子である。暖炉の前に置かれたバスケットも、その主を失って寂しげである。

ダーウィンは、一日に何度も散歩に耽った。家の庭から温室の横を通り、隣地の牧草地との境界に沿って続く小石混じりの小道を「サンドウォーク」と名付け、そこを何周もしていた。温室では、ランやつる植物、食虫植物など、実験観察用の植物が栽培されていた。

本書でも言及されている、『人間と動物の感情表現』で有名になったレトリーバー、ボブ

「センチュリー・マガジン」（1882）に掲載されたアルフレッド・ラッセル・ウォレスによるダーウィン追悼記事に掲載された銅版画（原画：アルフレッド・パーソンズ、銅版画制作：J・タイナン）

の「温室顔」のエピソードは、その散歩コースが、温室の横を通っていることで生まれた逸話である。

書斎を出た時点では、主人が向かう先がサンドウォークなのか温室なのかはわからない。温室の横をそのまま通過すれば大好きな散歩だが、温室の方向に折れれば、散歩はお預け。ボブは落胆した「温室顔」になるというわけだ。

本書で紹介されている、五年間の不在を経ても主人との習慣を覚えていた犬のエピソードも印象深い。

ケンブリッジ大学を卒業したダーウィンは、南アメリカ沿岸の測量のために出港する軍艦ビーグル号に、艦長の客分として乗船した。館長とディナーをともにする以外は、ナチュラリストとして好きなことをしていいという願ってもない条件だった。

五年に及んだ航海を終えたダーウィンは、実家で待つ父と姉妹たちとの劇的な再会を画策した。イギリス南西端の港ファルマスからイングランド西部のシュルーズベリまではおよそ三百マイル。馬車を乗り継ぎ、自宅に到着したのは二日後の夜中だった。その日は誰にも会わず自室で休み、翌朝、朝食の場に予告なしの登場を果たしたのだ。

家族との再会を喜んだ後、最初にしたのは姉と手紙で示し合わせていた実験だった。実家には、ダーウィンにしかなついていなかった犬がいた。不愛想ではあるが、いつもいっしょに散歩していた犬だ。はたしてその犬は、主人との再会にどのような反応を示すのか。

朝食を終えたダーウィンは、その犬がいる厩舎へと向かった。以前のように犬に呼び掛けると、昔と変わらぬ様子で外に出てきて、あたりまえのように主人の散歩に寄り添ったという。その犬は、再会を喜んだふうには見えなかったが、五年前の習慣を昨日のことのように覚えていたのだ。

この経験からダーウィンは、犬にも意識や思考力、長期記憶があるという信念をもつに至ったのだろう。

もしかしたらこの実験は、ギリシャの古典にヒントを得ていたのかもしれない。同じような逸話が、古代ギリシャの詩人ホメロスの『オデュッセイア』に登場するのだ。

十年に及んだトロイア戦争を木馬の知略で勝利したオデュッセウスは、凱旋の途上で遭難し、さらに十年の放浪を経て、国を離れてから都合二十年ぶりに帰宅する。オデュッセウスは、貞淑な妻ペネロペイアに言い寄る男たちを倒すために老人の身にやつして屋敷に戻るのだが、唯一、その正体に気付いたものがいた。それは、子犬のときに主人と別れ、すばらしい猟犬に育ったものの、今は老いさらばえ、世話もされず糞尿にまみれて横たわっていた愛犬アルゴスだった。

この時その場に横になっていた犬が、頭と耳をもたげた。（中略）犬のアルゴスは、犬だに、に塗（まみ）れて臥（ね）ていたが、この時近くに立つオデュッセウスの姿に気づくと、尾を振り両耳を垂れたものの、もはや主人に近づいてゆく力はなかった。（中略）犬のアルゴスは、二十年ぶりにオデュッセウスに再会すると直ぐに、黒き死の運命の手に捕らえられてしまった。

『オデュッセイア』松平千秋訳（岩波文庫）より

オデュッセウスは、敵に正体を知られまいと、顔を背けて涙をぬぐい、愛犬の横を通り過ぎるしかなかった。耳を倒して尻尾を振るポーズは、親愛の情を示す表現である。立ち上がる体力も気力もなかったアルゴスにとって、それが、二十年前、子犬のときに別れた主人への精一杯の挨拶だったのだ。

『種の起源』出版百五十年にあたる二〇〇九年、ぼくも光文社古典新訳文庫から『種の起源』の新訳を出版した。同じダーウィン年に本国イギリスで本書が出版されていたことは、寡聞にして知らなかった。

本書を知ったきっかけは、時間に余裕が出たことから、ダーウィンと愛犬との交流を調べようと思い立ち、文献漁りをしていた中でのことだった。

かれこれ四半世紀前、ダーウィンの長大な伝記『ダーウィン——世界を変えたナチュラリストの生涯』(工作舎、一九九九)を翻訳していたときのこと。一日十時間近くも机に向かっていたせいでひどい腰痛に襲われ、運動不足を自覚したことから、散歩の友として犬を飼おうと思い立ち、奈良県桜井保健所の保護犬紹介で雑種の子犬の里親となった。付けた名前が、ダーウィンが学生時代に飼っていた犬の名前サッフォーだった。

そんな謂れを知った勁草書房の鈴木クニエさんと当時の同僚の方から、歴史上の科学者の愛犬列伝を書きませんかという提案をいただいたのは、十年も前のことだったと思う。その間にわが愛犬は二代目となり、今はやんちゃなゴールデンレトリーバーと同居している。

そのことがずっと頭に引っかかっていたことから、列伝の実現は差し当たって難しいものの、翻訳ならばということで提案したのが本書である。

幸い、翻訳権が開いていたことから話が進み、上梓する運びとなったしだいである。鈴木

クニエさんとは、同じ愛犬家という縁もある。

進化学、科学史に興味ある読者のみならず、愛犬家の方々にも楽しんでいただけたら幸いである。

二〇二〇年八月二八日　戌刻黄昏時

渡辺政隆

ラ行

ナ行

ハ行

マ行

ヤ行

サ行

タ行

索　引

著者　エマ・タウンゼンド（Emma Townshend）1969年イギリス生まれ。サイエンスライター。インペリアルカレッジとケンブリッジ大学の大学院で科学史を学ぶ。父はロックバンド「ザ・フー」のピート・タウンゼンド。本書が初の著作。シンガーソングライターとして活動していた時期のアルバムWinterland（1998）がある。

訳者　渡辺政隆　1955年生まれ。サイエンスライター。専門は進化生物学、科学史、サイエンスコミュニケーション。著書に、『一粒の柿の種：科学と文化を語る』（岩波現代文庫）、『ダーウィンの遺産：進化学者の系譜』（岩波現代全書）、『ダーウィンの夢』（光文社新書）ほか。訳書に、ダーウィン『種の起源』『ミミズによる腐植土の形成』（光文社古典新訳文庫）、デズモンド＆ムーア『ダーウィン：世界を変えたナチュラリストの生涯』（工作舎）、フィリップス『ダーウィンのミミズ、フロイトの悪夢』（みすず書房）ほか多数。

ダーウィンが愛した犬たち
進化論を支えた陰の主役

2020年12月10日　第1版第1刷発行

著　者　エマ・タウンゼンド
訳　者　渡（わた）辺（なべ）政（まさ）隆（たか）
発行者　井村寿人

発行所　株式会社　勁（けい）草（そう）書房
112-0005　東京都文京区水道2-1-1　振替　00150-2-175253
（編集）電話　03-3815-5277／FAX　03-3814-6968
（営業）電話　03-3814-6861／FAX　03-3814-6854
堀内印刷・松岳社

©WATANABE Masataka　2020

ISBN978-4-326-75057-3　Printed in Japan

JCOPY ＜出版者著作権管理機構　委託出版物＞
本書の無断複製は著作権法上での例外を除き禁じられています。
複製される場合は、そのつど事前に、出版者著作権管理機構
（電話　03-5244-5088、FAX　03-5244-5089、e-mail: info@jcopy.or.jp）
の許諾を得てください。

＊落丁本・乱丁本はお取替いたします。
https://www.keisoshobo.co.jp

アノスミア
わたしが嗅覚を失ってからとり戻すまでの物語
モリー・バーンバウム
ニキリンコ 訳
四六判 二四〇〇円

ビールの自然誌
デサール&タッターソル
ニキリンコ・三中信宏 訳
四六判 二二〇〇円

意識の神秘を暴く
脳と心の生命史
ファインバーグ&マラット
鈴木大地 訳
四六判 二四〇〇円

フランシス・クリック
遺伝暗号を発見した男
マット・リドレー
田村浩二 訳
四六判 二四〇〇円

シャーデンフロイデ
人の不幸を喜ぶ私たちの闇
リチャード・H・スミス
澤田匡人 訳
四六判 二七〇〇円

＊表示価格は二〇二〇年十二月現在。消費税は含まれておりません。

勁草書房刊